ゼロからわかる 回路シミュレータ PSIM 入門

日本パワーエレクトロニクス協会【編】

コロナ社

まえがき

　パワーエレクトロニクス（以下，パワエレと略す）技術は，オンボード電源や交流アダプタ電源などのコンピュータ・OA機器から家電製品，産業，運輸・交通，電力・再生可能エネルギーなどの幅広い分野で社会に貢献しています。2021年7月から営業運転を開始した東海道・山陽新幹線電車N700Sには最新のパワエレ技術が満載されています。近年，EV（electric vehicle：電気自動車）の本格的な普及を迎えつつありますが，そこにもパワエレ技術が凝縮されています。最新の航空機にもパワエレ技術が積極的に導入されています。制御機器・装置の小型化が実現し，機材の軽量化が燃費削減に貢献しています。次世代の航空機にはパワエレ技術がより重要な役割を果たすことが期待されています。

　パワエレ技術の開発には電気電子・機械・材料分野などの幅広い知識が必要となりますが，パワエレ回路とその動作・特性を理解することから始まります。電気電子分野の電気回路と電子回路とパワエレ回路はたがいに密接に関係します。電気回路では，抵抗とコンデンサ（キャパシタとも呼ぶ）とコイル（インダクタとも呼ぶ）などの受動部品を使用した回路の動作・解析・定理などを学習します。電子回路はオペアンプやトランジスタを使用した信号処理を対象としていますので，性能・特性を重視します。これに対してパワエレ回路は，電力変換（あるいは電力処理）を対象としていますので，電力変換効率を重要視します。このため，パワエレ回路に使用する高圧大電流トランジスタはスイッチング動作（スイッチのようなオン・オフ動作）が基本となります。シミュレーション技術は，このような回路動作を効率よく理解でき，回路設計にも活用できる有効手段です。

　PSIM（ピーシム）は，パワエレ技術の教育や研究開発に特化した回路シミュレータです。PSIMにはデモ版が準備されており，ホームページから無償でダ

ウンロードして利用することができます。その上で，PSIM は使いやすいユーザインターフェースとグラフィック機能が充実しており，パワエレ主回路とその制御回路を簡単に作成し，回路動作のシミュレーションをすることができます。しかも，代表的なパワエレ回路であるチョッパやインバータなどのサンプル回路も準備されています。さらに，パワエレ回路から見た上位側の単相・三相電源モデルおよび下位側のモータ，リチウムイオン電池，太陽電池などの負荷モデルなども利用できます。最終的なシミュレーション結果である電圧波形や電流波形，それらの高調波成分，総合ひずみ率なども簡単に確認・計算することができます。また，演算の収束性がよいことや SPICE モデルの取込み機能を有すること，加えて「付録 A」にあるような他ツールとの連携が可能であることも PSIM の特長です。

本書の初版第 1 刷は，2018 年 11 月に上梓されました。多くの研究者・技術者・学生の皆様から好評をいただき，重版では URL 情報などを更新しました。本書執筆にあたっては以下のことに留意しました。

1) 回路シミュレータを使用したことのない初心者の方でも PSIM の使い方を習得できること。
2) パワエレ技術の初学者の方でも回路解析手法やアプリケーション事例を十分に理解できること。
3) 回路シミュレータの説明では，PSIM のデモ版で使用できる機能に限定し，独学でも理解できること。

本書が，PSIM を使用してパワエレ技術の理解を深め，設計に利用していただけるための一助となることを祈念しています。

最後に，本書の執筆にご協力いただきました Myway プラス株式会社の加舎栄彦氏，山岸歓氏，朝日直子氏，譚文静氏，そして松野知愛氏をはじめ，多くの皆様に心より感謝致します。

2022 年 2 月

一般社団法人　日本パワーエレクトロニクス協会
技術委員会委員長　赤木　泰文
東京工業大学特任教授／名誉教授

目　　次

❶
PSIM とは？

1.1　回路シミュレーションって何だろう？ ……………………………………… 1
1.2　PSIM って何だろう？ ………………………………………………………… 3
　1.2.1　PSIM の特徴 ……………………………………………………………… 4
　1.2.2　PSIM の構成 ……………………………………………………………… 6
　1.2.3　さまざまなオプションモジュール ……………………………………… 8

❷
デモ版をインストール

2.1　デモ版 PSIM をダウンロードしてみよう！ ………………………………… 11
2.2　デモ版 PSIM をインストールしてみよう！ ………………………………… 14
2.3　トライアル版 PSIM について ………………………………………………… 17

❸ 回路シミュレーション基本操作

- 3.1 サンプル回路を動かしてみよう！ …………………………………… 19
- 3.2 自分で回路を組んでみよう！ …………………………………… 23
  - 3.2.1 新規回路ファイルの作成と保存 …………………………………… 23
  - 3.2.2 PSIM 画面の便利なボタン …………………………………… 24
  - 3.2.3 素子の配置 …………………………………… 26
  - 3.2.4 配線の接続 …………………………………… 29
  - 3.2.5 測定ポイントの配置 …………………………………… 30
  - 3.2.6 シミュレーション条件の設定 …………………………………… 32
  - 3.2.7 シミュレーションの実行 …………………………………… 33
- 3.3 SimView の操作画面 …………………………………… 35
  - 3.3.1 SimView 画面の便利なボタン …………………………………… 35
  - 3.3.2 波形データファイルのマージ機能 …………………………………… 36
- 3.4 サンプル回路の活用事例 …………………………………… 39

❹ さまざまな回路解析手法

- 4.1 過渡解析 …………………………………… 41
- 4.2 周波数解析 …………………………………… 51
- 4.3 パラメータスイープを用いた解析 …………………………………… 57
- 4.4 FFT 解析 …………………………………… 61
- 4.5 オシロスコープを用いた解析 …………………………………… 66

目次　v

❺ さまざまなアプリケーション事例

- 5.1 交流と抵抗，インダクタ，コンデンサの関係 ……………………… 72
- 5.2 ローパスフィルタと伝達関数 …………………………………………… 79
- 5.3 インバータの動作 ………………………………………………………… 88
  - 5.3.1 抵 抗 負 荷 ……………………………………………………… 90
  - 5.3.2 容量性負荷（抵抗と容量の直列接続）………………………… 92
  - 5.3.3 誘導性負荷（抵抗とインダクタの直列接続）………………… 93
- 5.4 モータドライブ …………………………………………………………… 99
- 5.5 太陽電池からバッテリへの充電 ………………………………………… 104

❻ PSIMの便利な使い方

- 6.1 途中結果保存機能 ………………………………………………………… 112
- 6.2 スクリプト機能 …………………………………………………………… 118
- 6.3 データシートキャプチャ機能 …………………………………………… 123
- 6.4 便利なカスタマイズ ……………………………………………………… 128
  - 6.4.1 ツールバーのカスタマイズ …………………………………… 128
  - 6.4.2 キーボードのカスタマイズ …………………………………… 131
  - 6.4.3 素子パラメータのデフォルト値の設定 ……………………… 132
  - 6.4.4 カスタマイズ設定の別パソコンでの使用 …………………… 132
- 6.5 制御をC言語で書く ……………………………………………………… 134
  - 6.5.1 Cブロックの使い方 …………………………………………… 134
  - 6.5.2 シミュレーション回路 ………………………………………… 139
  - 6.5.3 シミュレーション結果 ………………………………………… 143

付録 A ほかのツールとの連携

- A.1 連携ができるソフトウェア一覧 ……………………………… 144
  - A.1.1 JMAG との連携シミュレーション ……………………… 145
  - A.1.2 MATLAB/Simulink との連携シミュレーション ………… 146
- A.2 JMAG との連携 …………………………………………………… 147
- A.3 MATLAB/Simulink との連携 …………………………………… 156
  - A.3.1 初 期 設 定 …………………………………………………… 156
  - A.3.2 シミュレーション回路 …………………………………… 157
  - A.3.3 Simulink と連携するための PSIM 側の回路の編集 ……… 158
  - A.3.4 MATLAB 側の操作 ………………………………………… 159
  - A.3.5 Simulink と連携するシミュレーション例 ……………… 162
  - A.3.6 Simulink から PSIM へのパラメータの受け渡し ……… 163

付録 B モデルベース開発

- B.1 パワーエレクトロニクス分野でのモデルベース開発 ……… 165
- B.2 ラピッドコントロールプロトタイピング（RCP） …………… 169
- B.3 リアルタイムシミュレーション（HILS） …………………… 173
- B.4 モデルベース開発の発展（仕様書としての PSIM） ………… 178

本書内で紹介しているダウンロード可能な PSIM 回路一覧 ……… 180
関連 Web ページ ………………………………………………………… 182

1 PSIM とは？

PSIM はパワーエレクトロニクスおよびモータ制御のために開発された回路シミュレーションパッケージです。自動車，家電製品，航空宇宙，再生可能な自然エネルギーなどの幅広い産業分野で活用されています。本章では，PSIM について使い方を説明しながら解説を行います[†]。

1.1 回路シミュレーションって何だろう？

　回路シミュレーションとは，実際の電子部品や基板を使って回路を作らなくても，パソコン上で回路図を入力すれば回路動作を確認できるシミュレーションのことです。

　近年では，パソコンの計算速度が飛躍的に向上しており，回路シミュレーションの有用性はますます高まってきています。つまり，より複雑な回路を短時間で解析することが可能になってきたといえます。

　回路シミュレーションは，研究開発の現場でさまざまな目的で行われています。例えば

- 予想どおりの結果になるかどうかの確認（検証）
- 回路のアイデアを試す（フィージビリティスタディ）
- 回路定数の調整
- 実機で発生した不具合現象の再現と原因調査

などです。

[†] 本書で紹介している PSIM のバージョンは Ver.11 です。

1. PSIMとは？

パワーエレクトロニクスの分野では，自動車，家電製品，航空宇宙，再生可能エネルギー（太陽光発電，風力発電，蓄電池）などの幅広い産業分野において，スイッチング電源，モータ駆動，電力変換装置などのさまざまなアプリケーションの検証に回路シミュレータが使われています。

回路シミュレータには，以下のようなメリットがあります。なお，本書では，回路で使用する電子部品のことを「素子」と呼びます。

① <u>実際の装置が不要でコストを抑えられる</u>

パソコンが1台あればシミュレーションができますので，開発のたびに「新たな装置を購入する」，「新たな装置を製作する」といった必要がありません。

② <u>高速なコンピュータ資源を活用し，時間短縮できる</u>

実際に，「回路を組む」，「素子を交換する」，「出力波形を計測する」といったことを行うと，短時間では終わりません。シミュレーションであれば，パソコン上で簡単に回路図を入力することができ，素子パラメータを変更することができ，出力波形も実際に測定しなくてもパソコン上に表示されます。最近の高速なパソコンを使用すれば，短時間でシミュレーションを行うことができます。

③ <u>実測不可能なものを計算することができる</u>

シミュレーションを使うと，実際のセンサでは計測できないデバイス内部の電圧や電流，大電流や微小電流などを容易に計測することができます。また，実物を入手できない負荷などを模擬したシミュレーションを行うことも可能です。

④ <u>感電，電子部品の破裂などがなく，安全である</u>

実際の回路では，不用意に触ると感電するおそれがあります。また配線が間違っていたりすると，電源を入れたときに破損や事故につながる可能性があります。シミュレーションは，パソコン上で実行しますので，回路図が間違っていたとしても感電やモノが壊れてしまうことはありません。

このように便利なシミュレーションを行う回路シミュレータですが，ただやみくもに使えばよいというわけではありません。結果を予想して回路を作成し，シミュレーションで「確認」するというのが上手な使い方です。これに

は，結果を予想できるだけの「設計能力」が必要になります。

一方で，回路シミュレーションを実行したとしても，回路のモデリングが間違っている，目的に適合していないという場合もありますので，シミュレーション結果を盲信してはいけません。回路シミュレータの有用性と限界を理解したうえで使用する必要があります。つまり，設計能力とは別に「回路シミュレータを使いこなす能力」が必要となります。これには，適切なシミュレータの設定や素子モデルの選択も含みます。場合によっては回路シミュレータそのものの選定を含むこともあるでしょう（**図1.1**）。

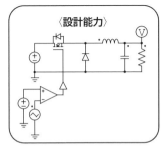

図1.1 回路シミュレーションに必要なもの

これらを認識して使いこなせば，回路シミュレータの恩恵を受けることができます。

本書では，PSIMという回路シミュレータを使いこなす技術を，具体的な事例を交えながら紹介していきます。

1.2　PSIMって何だろう？

回路シミュレータは電気回路設計全般で広く使われており，有償・無償のものも含め数多くの回路シミュレーション用ソフトウェアがあります。その中で，本書で扱うPSIMはパワーエレクトロニクス回路に特化したソフトウェアです。このため，パワーエレクトロニクス回路のシミュレーションにおいては，ほかのソフトウェアよりも簡単かつ便利に使うことができます。

1.2.1 PSIM の特徴

PSIM は，高速シミュレーション，使いやすいユーザインタフェース，波形解析機能などの特長により，パワーエレクトロニクスの回路解析，制御系回路設計，インバータの研究開発などで利用されており，つぎのような用途に適しています。

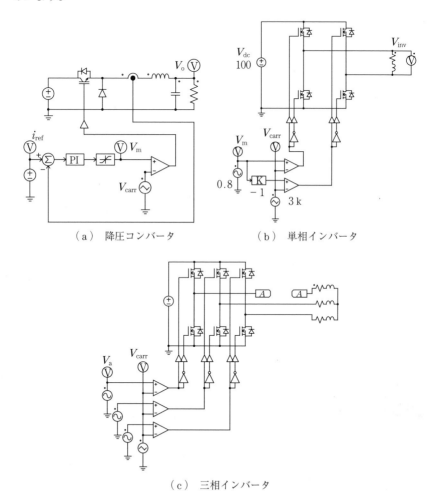

図 1.2　サンプル回路例

- 手軽に短時間で仕様段階の検討がしたい。
- モータとインバータを合わせてシミュレーションしたい。
- パワーエレクトロニクス回路の制御ロジックを C 言語で作成したい。

ここで PSIM の三つの特長を紹介します。

① シミュレーションの実行時間が短く，サンプル回路の活用で設計時間が短縮可能

　PSIM では，半導体デバイスを理想スイッチとして扱っています。オン・オフ状態しか考慮していないので演算が収束しやすく，半導体デバイスの詳細モデルを使用しているほかの回路シミュレータと比較して，シミュレーションに時間がかからないという特長があります。つまり，半導体デバイスを数多く含むパワーエレクトロニクス回路のシミュレーションに適しています。さらに 250 種類以上用意されたサンプル回路（**図 1.2**）と，直感的にわかりやすい素子を使って回路設計が手軽に行えます。

② パワーエレクトロニクス用に準備された負荷モデルを使ったシミュレーションが可能

　図 1.3 に示すようにパワーエレクトロニクス機器につながる負荷は，モー

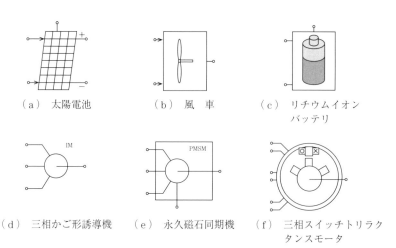

図 1.3　多種類の負荷モデル

タ,バッテリ,太陽電池,風車などの多岐にわたります。PSIMではパワーエレクトロニクス機器に接続される負荷モデルが多数用意されており,負荷の影響を考慮したシミュレーションを行うことができます。

③ ゲート信号の制御はC言語にも対応

制御回路は回路図で記述するのみでなく,C言語を使って記述することもできます(**図1.4**)。DLL[†]にも対応しており,機能ごとに作成したDLLを組み合わせて制御回路を組むことも可能です。作成した制御回路をほかの制御に流用することにより,開発工数を削減することができます。

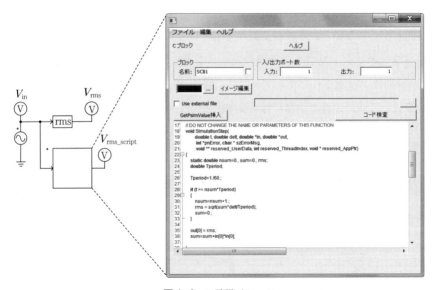

図1.4 C言語ブロック

1.2.2 PSIMの構成

PSIMは,**表1.1**に示す四つのソフトウェアから構成されています。**図1.5**にPSIMの構成を示します。

---

† DLLとは,動的なリンクによって利用されるライブラリのことです。WindowsではDLLファイルの拡張子として「.dll」がつきます。DLLでは,さまざまなアプリケーションプログラムで使用される汎用的な機能がモジュール化されており,実行ファイルにおいてリンク先のDLLを読み込むことにより,共通して利用することができます。

1.2 PSIMって何だろう？

PSIM 回路図エディタについて説明します。PSIM の回路は，パワー回路，制御回路，センサ，スイッチ制御の四つのブロックで構成されます。**図1.6**

表1.1 PSIM を構成する四つのソフトウェア

ソフトウェア	内容
PSIM 回路図エディタ	実際に回路図を作成するエディタです。
シミュレーションエンジン（PSIM）	シミュレーションは，これら二つのエンジンを使っ
シミュレーションエンジン（SPICE）	て実行することができます。
波形表示ツール（SimView）	シミュレーション結果のグラフを見やすく表示します。

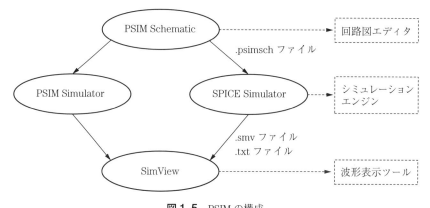

図1.5 PSIM の構成

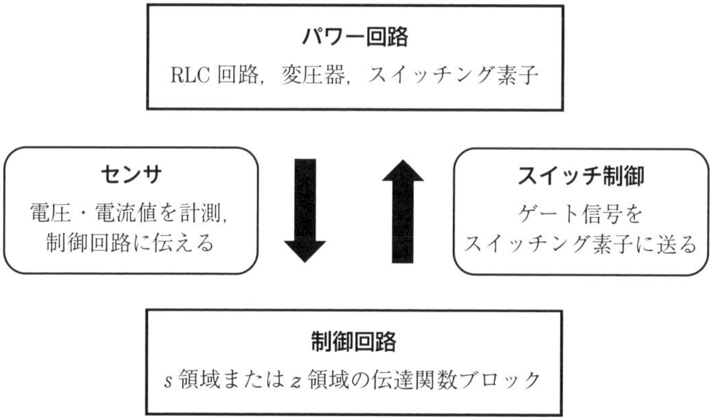

図1.6 四つのブロックと相互関係

に各ブロックの相互関係を示します。

これを回路図で見てみると，**図1.7**のようになります。

- パワー回路は，スイッチ制御と電流センサを介して制御されます。
- 制御回路では，減算器，PIコントローラ，コンパレータなどを使用して制御ブロックを構成しています。
- センサは，パワー回路の電圧，電流値を計測するものであり，ここではパワー回路に流れる電流値を端子から出力して制御回路に伝えています。
- スイッチ制御は，制御回路とパワー回路にあるトランジスタのゲート入力の間に入れ，理想スイッチ素子であるトランジスタのオン・オフを制御します。

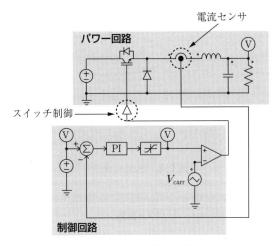

図1.7 PSIM 回路図の構成

1.2.3 さまざまなオプションモジュール

PSIMは，ソフトウェアの本体であるProfessionalとオプションモジュールで構成されています（**図1.8**）。Professionalは，過渡解析，周波数特性解析，パラメータスイープ，C言語による独自モジュール作成などの基本的な機能を担います。オプションモジュールには，各種モータや機械式センサなどの機械

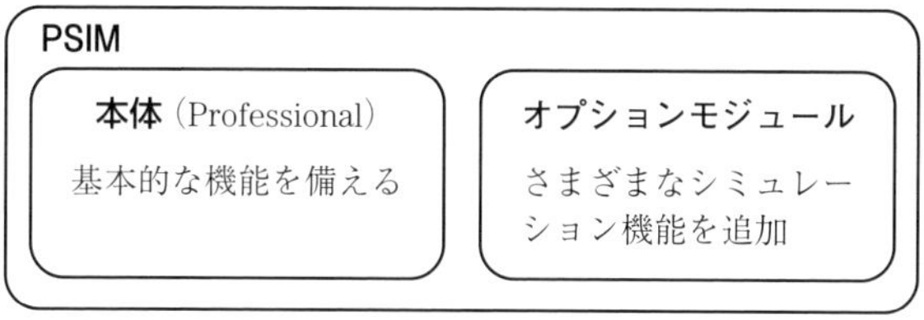

1.2 PSIMって何だろう？

```
┌─ PSIM ──────────────────────────────────────┐
│  ┌──────────────────┐  ┌──────────────────┐ │
│  │ 本体(Professional)│  │ オプションモジュール │ │
│  │ 基本的な機能を備える│  │ さまざまなシミュレー│ │
│  │                  │  │ ション機能を追加    │ │
│  └──────────────────┘  └──────────────────┘ │
└─────────────────────────────────────────────┘
```

図 1.8　PSIM のオプションモジュール

系シミュレーションや離散系シミュレーションのための素子をはじめとした，さまざまな機能をもつモジュールがあります。

Professional の具体的な機能を**表 1.2** に示します[1],[†]。

表 1.2　Professional の機能

機　　能	備　　考
過渡解析	回路内の電圧や電流などの時間的変化を調べる
対話型シミュレーション	パラメータを手動で変えながら波形の変化を調べる
周波数特性解析	回路の周波数特性を調べる
パラメータスイープ	パラメータを自動で変化させ結果を取得する
C ブロック，DLL ブロック	自作の C 言語を組み込んだシミュレーションを実行する
磁気要素のモデリング	漏れ磁束，エアーギャップ，磁気コアなどの素子
FFT 解析	信号の周波数成分を調べる
波形どうしの演算	四則演算，積分などの演算
スクリプト機能	演算，関数配列，複素数，グラフ，シミュレーション機能など

4 章では，これらの機能の中で過渡解析，周波数特性解析，パラメータスイープ，FFT 解析などを用いて実際の回路シミュレーションを行い，その結果を波形表示ツール SimView で確認します。

PSIM では，**表 1.3** に示すようなオプションモジュールが用意されています[2]。本書では扱いませんが，より本格的なシミュレーションを行う場合に利用します。

表 1.3 のオプションモジュールを利用することにより，PSIM は設計フェーズからシミュレーションフェーズ，ハードウェアの実装フェーズに至るまで，

---

† 肩付き番号は巻末の関連 Web ページに対応しています。

表1.3 オプションモジュール一覧

類別	名称	機能
シミュレーションモデルの追加	Motor Drive Module	モータを含めた機械系のシミュレーション
	Digital Control Module	離散時間系のシミュレーション
	Thermal Module	デバイスの損失解析
	Renewable Energy Module	再生可能エネルギーのシステムシミュレーション
	SPICE Module	SPICEエンジンを使用したシミュレーション
ほかのシミュレータとの連携	SimCoupler Module	MATLAB/Simulinkとの連携
	MagCoupler Module	JMAGとの直接連携
	MagCoupler-RT Module	JMAG-RTとのテーブル連携
	ModCoupler Module	Modelsimとの連携
設計時のサポート	HEV Design Suite	HEVパワートレインシステム全体のシミュレーション
	Motor Control Design Suite	モータ制御用の回路の自動生成
	SmartCtrl	制御パラメータの最適化
ハードウェアへの実装	SimCoder Module	Cプログラム自動生成
	PIL Module	プロセッサを含むシミュレーション

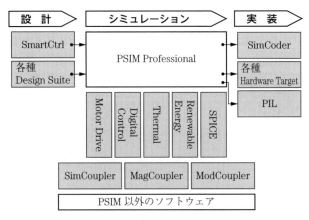

図1.9 開発フローにおける各オプションモジュールの位置づけ

2 デモ版をインストール

PSIM では
- デモ版：機能制限あり，使用期限なし（無期限）
- トライアル版：機能制限なし，使用期限 30 日間

の 2 種類の無料版が用意されています。本書では，デモ版を使って学習を進めていきます。

本書のような学習用途や小規模回路の解析を行う際に，デモ版はとても便利で役に立ちます。本章では，PSIM のデモ版のインストール手順について解説します[†]。

2.1　デモ版 PSIM をダウンロードしてみよう！

　PSIM のデモ版を，Web ページ（巻末の関連 Web ページ 3）参照）よりダウンロードします（**図 2.1**）。

　ダウンロード元の Web ページは，2022 年 2 月現在では日本パワーエレクトロニクス協会のサイトとなっています。また「デモ版」という名称も Web ページでは「教育版」と表示されています。より多くのパワーエレクトロニクスを学ばれる方々にご利用いただきたいという思いを込めて「教育版」として配布させていただいています。

　ただしソフトウェアでの表示は「demo」となっており，本書でも「デモ版」の表記とさせていただきます。

[†]　必要システム構成
- メモリ容量：512 MB 以上
- OS：Windows® 7 / 8 / 8.1 / 10
- Internet Explorer：6.0 以降

2. デモ版をインストール

以下では手順を追って説明していきます。

図 2.1 PSIM お試し版 Web ページ

Step1 案内画面のフォームに必要事項を入力し，「確認画面へ進む」ボタンをクリックします（図 2.3）。

図 2.3 デモ版の申し込みフォーム

2.1 デモ版 PSIM をダウンロードしてみよう！　　13

Step2　入力内容確認画面が表示されますので，内容を確認して「送信する」ボタンをクリックします（**図 2.4**）。

図 2.4　入力内容確認画面

Step3　デモ版ダウンロード画面が表示されますのでダウンロードボタンをクリックし，インストール用のファイルをダウンロードします（**図 2.5**）。

図 2.5　デモ版ダウンロード画面

2.2　デモ版 PSIM をインストールしてみよう！

2.1 節で入手した「PSIM_Demo.zip」ファイルを使い，以下の手順でインストールを実行します。

Step1　.zip ファイルを解凍すると，（例えばバージョンが Ver.11.1.5 の場合）実行ファイル「PSIM11.1.5_Demo_32bit_Setup.exe」ができます。「PSIM11.1.5_Demo_32bit_Setup.exe」をダブルクリックしてインストールに進みます。

⚠️ **注意**　必ず .zip ファイルを解凍してから .exe ファイルでインストールしてください。正しく動作しないことがあるため，.zip ファイルのままでインストールをしないでください。

Step2　.exe ファイルをダブルクリックすると，図 2.6 の画面が表示されます。

「I accept the agreement」をチェックして「Next」をクリックしてください。

図 2.6　デモ版のインストール

2.2 デモ版PSIMをインストールしてみよう！　15

Step3 インストールフォルダを確認し，「Next」をクリックしてください（図2.7）。

図2.7　デモ版のインストール

デフォルトでは C:¥Powersim¥PSIM***_Demo のフォルダが作成され，そこにインストールされます。ほかのフォルダがよい場合は「Browser」から選択して指定してください。

Step4 「Next」をクリックするとインストールを開始します（図2.8）。

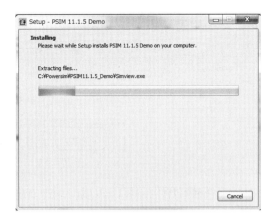

図2.8　デモ版のインストール中

16   2. デモ版をインストール

Step5 登録画面が表示されますので,「Skip. I will register later.」をチェックして「Next」をクリックします(図2.9)。

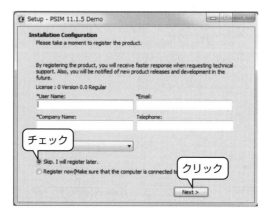

図2.9 デモ版のインストール

Step6 「Finish」をクリックしてインストールを完了します。「Run PSIM」にチェックを入れておくと終了後,自動的にPSIMが立ち上がります(図2.10)。

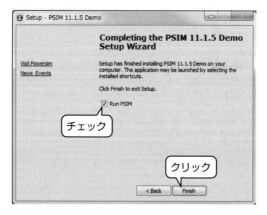

図2.10 インストール完了

「Run PSIM」にチェックを入れずに終了した場合，もしくは後日 PSIM を起動する場合には **Step3** で設定したインストールフォルダの下にある「PSIM.exe」をクリックして起動してください。

以上でデモ版のインストールは完了です。

ただし，本書に記載している回路の中には，デモ版では動かせないものが一部あります。それらにつきましては，つぎに紹介するトライアル版もしくは有料の製品版を利用する必要があります。

2.3　トライアル版 PSIM について

2.2 節ではデモ版（機能制限あり，使用期限なし）のダウンロードおよびインストールの手順を説明しました。本書で扱う範囲を超えて，より本格的な機能を利用したい場合にはトライアル版（機能制限なし，使用期限 30 日間）をダウンロードしてインストールすることをお勧めします。

トライアル版をインストールする場合には，シリアルナンバーが必要となります。図 2.2 の画面で「トライアル版を選択」をクリックすると申込み画面が表示されますので，申込み画面に必要事項を記入します。申込みが完了すると，インストール手順とシリアルナンバーがメールで送付されますので，デモ版と同じ手順で .zip ファイルを解凍し，インストールします。インストールが完了したのち，PSIM を立ち上げると**図 2.11** のように，シリアルナンバーを入力する画面が表示されますので，送付されたシリアルナンバーを入力します[†]。

⚠ **注意**　申込みが完了したのち，シリアルナンバーが送付されるまでに時間を要することがあります。

PSIM では，デモ版 PSIM とトライアル版 PSIM でもご使用いただけるマニュアル類を無償でダウンロードすることができます。本書を使って学習したの

[†]　ご不明な点は，Myway プラス会社（https://www.myway.co.jp/）（2019 年 4 月現在））にご確認ください。

ち，さらに詳しい PSIM の機能を知りたいときには，巻末の関連 Web ページ 4)（PSIM のマニュアル）の URL にアクセスし，必要なマニュアルをダウンロードしてください。

図 2.11 トライアル版の最初の PSIM 立ち上げ

❸
回路シミュレーション基本操作

　実際にシミュレーションを始める前の準備として本章では，PSIM を使った回路図の書き方や設定方法を紹介します。
　PSIM 回路図エディタは簡単に操作することができ，さらにサンプル回路を利用することで簡単にシミュレーションできることを，実際に PSIM を動かしながら確認してみましょう。

3.1　サンプル回路を動かしてみよう！

　PSIM には多くのサンプル回路が用意されています。実際に回路シミュレーションを始める前に，まずはサンプル回路を用いて PSIM の操作方法やシミュレーションを実行する流れを学びましょう。サンプル回路を利用することで各種回路の基本的な特性を理解することができ，自身でシミュレーションを行う際にサンプル回路をカスタマイズして手軽に解析することもできます。

　ここでは，降圧回路のサンプル回路「buck .psimsch」を使ってシミュレーションの操作手順について説明します。降圧回路では，入力電圧に対して低い電圧を出力します。ファイルを開くと左右二つの降圧回路があります。左の回路は，ゲート信号ブロックを使用してスイッチを制御しています。右の回路は，比較器を使ってスイッチをオン・オフ制御しています。ここでは，回路の詳細について理解する必要はありません。

　早速，シミュレーションを実行して回路の電流電圧波形の時間変化を見てみましょう。

20   3. 回路シミュレーション基本操作

Step1 アプリケーションの起動

最初に起動するときにはヘルプブラウザ（Help Browser）が起動するので，画面を閉じてください。

Windows の「スタート」➡［すべてのプログラム］から PSIM を起動できます（図 3.1）。PSIM が英語表示になっている場合には，PSIM のメニューバー「Options」➡「Languages」をクリックし，「日本語」を選択します。日本語表示に変更するには PSIM を再起動する必要があります。PSIM のメニューバー「File」➡「Exit」を選択して PSIM を終了し，再度起動します。

図 3.1   PSIM 回路図エディタ

Step2 サンプル回路の選択

PSIM のメニューバー 「ファイル」➡「範例を開く」をクリックしてサンプル回路フォルダを開きます。(図 3.2)†。

ここでは「dc-dc」フォルダを選択して「buck .psimsch」を開きます。

図 3.2   サンプル回路フォルダ

---
† PSIM インストールフォルダの中には，あらかじめ多数のサンプル回路が保存されています。

3.1 サンプル回路を動かしてみよう！   21

Step3 シミュレーションの実行

ファイルを開くと，すでに二つの回路図が描かれています（**図3.3**）。これら二つの回路は，MOSFETスイッチのゲート入力方法が違いますが，同じ結果になります。すでに各種設定も完了しているので，「シミュレーション実行」をクリックします。

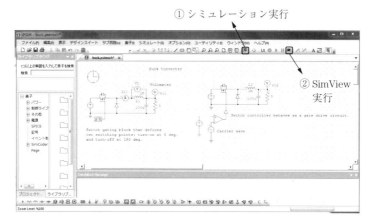

図3.3　シミュレーション実行とSimView実行

Step4 SimViewの実行

つぎに図3.3②の「SimView実行」をクリックし，電圧波形を観測します。オプションメニューの「SimView自動実行」がチェックされている場合には，「SimView実行」をクリックしなくてもSimViewが自動的に起動し，波形を表示します（**図3.4**）。

図3.4　SimView自動実行の設定

3. 回路シミュレーション基本操作

「プロパティ」と表示された画面が開きますので，波形を観測したい変数を選択します。ここでは，「利用可能な変数」の中から $Vo1$（左の回路の出力電圧）を選択し，「追加 ->」ボタンをクリックします。$Vo1$ が「表示のための変数」に追加されたことを確認したら，「OK」をクリックします。

SimViewを実行すると，図**3.5**の上段の電圧波形が表示されます。左の回路の電流 $I(L1)$ の波形も図3.5のように別のグラフとして表示して観測したいときには，SimViewのメニューバー「スクリーン」➡「スクリーンを追加」をクリックし，「表示のための変数」に $I(L1)$ を追加して「OK」をクリックすることで表示できます。

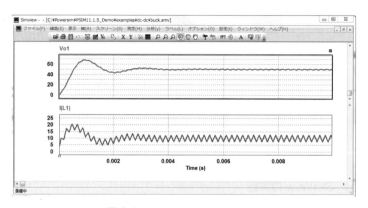

図**3.5** SimViewの結果波形表示

この回路は降圧回路なので，時間の経過に伴い直流電圧源の値（サンプル回路の直流電圧源の設定値は100 Vになっています）が出力電圧 $Vo1$ では降圧されて50 Vになっていることがわかります。

右の回路の $Vo2$ と $I(L2)$ でも同様の操作を行い，電圧波形と電流波形を観測してみてください。左の回路と同じ結果になることが確認できます。

以上がサンプル回路を開いてシミュレーションを行い，その結果を表示する基本操作となります。

3.2　自分で回路を組んでみよう！

3.1 節ではサンプル回路を用いてシミュレーションの操作方法を説明しました。本節では，自身で回路を組んでシミュレーションしてみましょう。ここでは図 3.6 のような回路を PSIM の回路図画面上で作成します。この回路は直流電源に抵抗を接続しただけの簡単な例です。

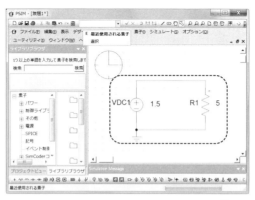

図 3.6　PSIM 回路図画面と回路のイメージ🆔．†

以下では，素子（電源，抵抗）の配置や配線，測定ポイント（電流プローブ）の配置の方法，素子のパラメータ（電源電圧や抵抗値）やシミュレーション条件（時間刻みや終了時間）の設定の方法を説明します。

3.2.1　新規回路ファイルの作成と保存

〔1〕　**ファイルの作成**　　PSIM を立ち上げて，「新規 []」をクリックします。または，PSIM メニューバーの「ファイル」➡「新しい回路」をクリックします（図 3.7）。

---

†　🆔 マークのある PSIM 回路は巻末の関連 Web ページ 5) より PSIM ファイルをダウンロードしてお使いいただけます。

24　3. 回路シミュレーション基本操作

　　　　(a) 作　成　　　　　　　　　　(b) 保　存

図 3.7　新規回路の作成と保存

〔2〕 **ファイルの保存**　　回路を保存するときは，PSIM メニューバーの「ファイル」➡「名前をつけて保存」でファイル名を入力すると「.psimsch」という拡張子が付いたファイルが生成されます。

　上書き保存をする場合は，メニューバーの「ファイル」➡「回路を保存」または「上書き保存」ボタン 🖫 をクリックして保存します（図 3.7 (b)）。

　また，保存した回路を開くときは，メニューバーの「ファイル」➡「回路を開く」もしくは「開く」ボタン 📂 をクリックします。

3.2.2　PSIM 画面の便利なボタン

　PSIM の画面上には，さまざまな便利なボタンがあります。よく使う便利なボタンとその位置を**図 3.8** に示します。**表 3.1** では，便利なボタンについて説明します。

　画面下部のツールバーには，基本的な素子がボタン化されて並んでいます。すべての素子は表示されておらず，表示されていない素子はライブラリブラウザで検索します。

3.2 自分で回路を組んでみよう！ 25

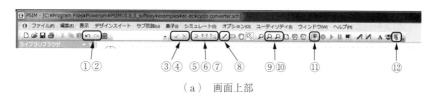

（a） 画面上部

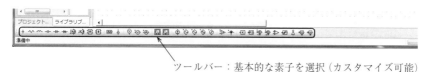

ツールバー：基本的な素子を選択（カスタマイズ可能）
（b） 画面下部

図 3.8 PSIM 画面の便利なボタン

表 3.1 PSIM 画面の便利なボタン

	アイコン	ボタン名	内　容
①	↶	元に戻るボタン	Ctrl + z で同じ操作可能です。
②	↷	先に進むボタン	Ctrl + y で同じ操作が可能です。
③	✓	指定範囲の有効化ボタン	範囲の指定は左クリックしながら回路の範囲を囲むと範囲が指定されます（**図 3.9**）。大規模な回路を作成している際に回路の一部分だけシミュレーションしたい場合や，作成した回路構成を変えてシミュレーションしたい場合にわざわざ回路を消さなくても済むのでとても便利です。
④	✕	指定範囲の無効化ボタン	
⑤	↻	回転ボタン	90 度回転（時計回り）を行います。
⑥			左右反転を行います。
⑦			上下反転を行います。
⑧	✐	ワイヤボタン	素子を接続するラインを引きます。使い方は 3.2.4 項「配線の接続」で説明します。
⑨	🔍	拡大ボタン	回路の拡大を行います。
⑩	🔍	縮小ボタン	回路の縮小を行います。
⑪		シミュレーション実行ボタン	シミュレーションを実行します。
⑫		ライブラリブラウザボタン	クリックすると素子の検索ブラウザが起動します。

26   3. 回路シミュレーション基本操作

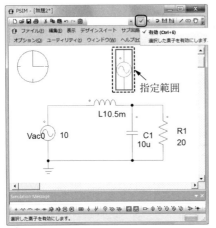
(a) 有効化

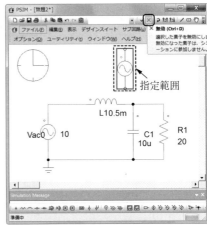
(b) 無効化

図3.9　指定範囲の有効化と無効化

3.2.3　素 子 の 配 置

Step1　電圧源の配置

最初に，直流電圧源を設置します。「ライブラリブラウザ」，またはメニューバーの「素子」➡「電源」➡「電圧源」➡「DC」をクリックします。カーソルが素子の形に変更されたら，画面にそのまま左クリックすると素子が置けます（**図3.10**）。

一度置いてもカーソルは素子の形のままなので，連続して何個も置くことができます。カーソルを元に戻すには，矢印ボタン ⬉ をクリックするかパソコンの「Esc」キーを押してください。

一度置いた素子はクリックすると選択できます。素子を囲むようにドラッグアンドドロップをすると複数の素子を一度に選択することができます。選択されている状態で，ドラッグアンドドロップで移動もできます。素子を選択した状態でパソコンの「Delete」キーを押すと，素子を消すことができます。

3.2 自分で回路を組んでみよう！　27

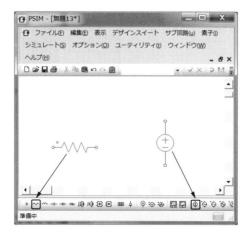

カーソルを矢印に戻す場合は「Esc」
キーを使います。抵抗と直流電圧源を
クリックして回路図画面に配置します。

図 3.10　素子の配置

Step2　抵抗の配置

つぎに，抵抗を置きます。「ライブラリブラウザ 　 」，またはメニューバーの「素子」➡「パワー」➡「RLC ブランチ」➡「抵抗」をクリックします。ライブラリブラウザから素子を選択するには，素子をダブルクリックします。パワーエレクトロニクスの主回路に使用される素子はほとんど「パワー」の中にあります。上記の直流電圧源，抵抗などは図 3.10 のようにツールバーから選択することも可能です。

Step3　素子の回転

図 3.11 のように，二つ素子を選択して，ドラッグアンドドロップで回路図画面上へ移動します。それから抵抗を選択して回転させ，直流電圧源と並行にします。

素子を回転させるには，素子を選択して回転ボタン 　 をクリックします。1 回ごとに右に 90 度回転します。素子を設置する前に回転させることもできます。

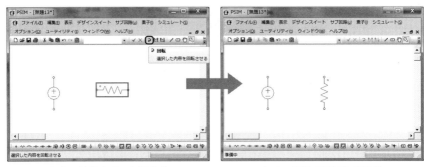

（a）抵抗素子回転操作前　　　　　（b）抵抗素子回転操作後

図 3.11　素子の回転

　カーソルが素子に変わっている状態で右クリックをすると，同じように右に90度ずつ回転します。お好みの方法を使いましょう。

　抵抗の素子には小さい丸が付いています。これは素子の極性を示すものです（**図 3.12**）。丸がついているほうがプラス側を表しています。

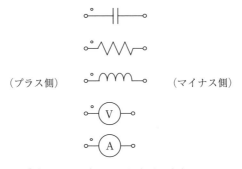

（プラス側）　　　　　　　　　　（マイナス側）

「°」マークが素子の＋側を示します。

図 3.12　素子の極性

⚠ **注意**　PSIMの素子のプラス側は電流が流れ込む方向と定義されています。素子の極性を間違えた場合，素子に流れる電流やプローブ類に関しては測定する極性が逆になってしまいますので，十分注意してください。

3.2.4 配線の接続

Step1 素子パラメータの設定

素子をダブルクリックし，必要なパラメータを設定します†。

まずは抵抗をダブルクリックします。今回作成する回路では，抵抗は5Ωなので「抵抗」に5と入力します（**図3.13**）。入力欄の横の「表示」のチェックボックスにチェックを入れると，そのパラメータを回路図に表示できます。名前と抵抗のチェックボックスにチェックを入れます。

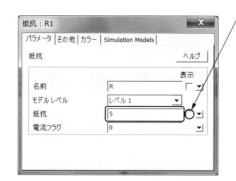

図3.13 抵抗のパラメータの設定

続いて直流電圧源のパラメータを設定します。直流電圧源の出力値は1.5Vなので，1.5と入力します（**図3.14**）。名前と出力値のチェックボックスに

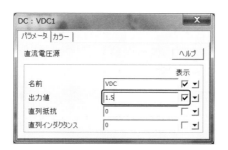

図3.14 直流電圧源のパラメータの設定

---

† 各パラメータの単位は「ヘルプ」か，巻末の関連Webページ4）のマニュアルを参照ください。
例：抵抗〔Ω〕，インダクタンス〔H〕，キャパシタンス〔F〕など。

チェックを入れます。

変更した名前と出力値は，画面を閉じたときに回路図に反映されます。

Step2 素子の結線

素子どうしを結線していきます。ワイヤボタン ✎ を押してドラッグして線を引きます（**図3.15**）[†1]。その線は1回だけ曲げることができます。端子ではないところにも線を引くことができるので，先に回路配線を引いてから素子を置くことも可能です。線を交差させた場合，黒丸がついていないときは接続されていません。線も素子と同じく，移動や削除することが可能です。

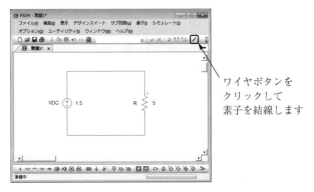

図3.15 素子間の結線

結線を間違えた場合には，「Esc」キーでカーソルを矢印に戻し，不要な線を選択した後，「Delete」キーを押して消去します。

3.2.5 測定ポイントの配置

Step1 基準電位の配置

回路図作成時は，必ず基準電位を設置します[†2]。メニューバーから「素子」→「電源」→「接地」を選択してください。または，下部のツールバーからも選択できます（**図3.16**）。

[†1] ほかのシミュレータでは，端子をクリックすることで結線される場合もありますがPSIMではドラッグして線を引きます。

[†2] 電圧のシミュレーション結果は接地（ground）が基準となります。

3.2 自分で回路を組んでみよう！ 31

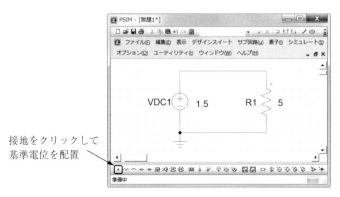

図 3.16 基準電位の配置

Step2 測定ポイントの配置と電流プローブの名前変更

回路図の作成が終わったら測定ポイントの設定を行います。まずは電流を測定するための電流プローブを設置します。メニューバーの「素子」➡「その他」➡「プローブ」➡「電流プローブ」を選択します。または，下部のツール

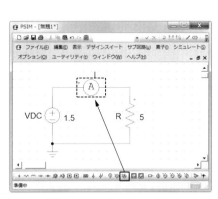

電流プローブをクリックして
線上に配置します。
(a) 測定ポイントの設置

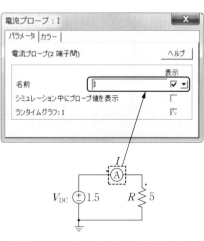

電流プローブをクリックして名前をIに
変更します。表示にチェックを入れると
素子横に名前が表示されます。
(b) 名前変更

図 3.17 測定ポイントの配置と電流プローブの名前変更

バーから選択します（**図3.17**（a））。プローブの名前に変えて表示しておくと波形表示したとときにわかりやすくなります。本例では電流プローブ名を「I」へ変更し，「表示」にチェックを入れます。これにより，波形を表示するときに表示される名前が「I」になります（図3.17（b））。

3.2.6 シミュレーション条件の設定

3.2.5項で測定ポイントが設定できました。つぎにシミュレーション条件を設定します。「シミュレーション制御」は，メニューバーの「シミュレート」➡「シミュレーション制御」にあります。これを選択し，カーソルが時計マークになったら回路図に設置してください（**図3.18**）。

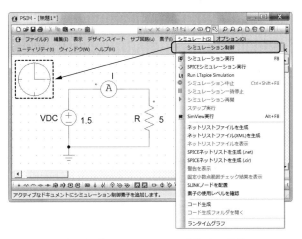

図3.18 「シミュレーション制御」の設置

「シミュレーション制御」を設置すると，設定画面が自動的に表示されます。重要な設定になりますので，詳しく説明します。**図3.19**のように一番上の「タイムステップ」ではシミュレーションの時間刻みを，「総時間」ではシミュレーション終了時間を設定します。本例の回路では，デフォルトのままの設定となります。設定画面のフリーラン，表示タイム，表示ステップは4章，ロードフラグ，保存フラグは6章で説明します。

3.2 自分で回路を組んでみよう！　33

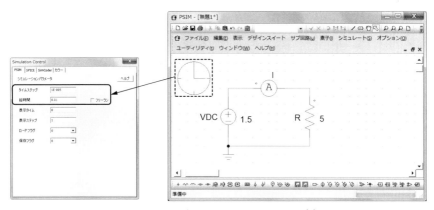

タイムステップ：シミュレーション間隔〔s〕
総時間：シミュレーション終了時間〔s〕

図 3.19　シミュレーション条件の設定

　PSIM では，シミュレーションのタイムステップは，シミュレーションを通して一定です。正確なシミュレーション結果を得るために，タイムステップが適切に選択されなければなりません。タイムステップを制限する要因は，スイッチング期間，パルス波形の幅や変化の速い応答時間などがあります。タイムステップは，これらの最小値より少なくとも 1 桁以上小さくすることをお勧めします。例えば，回路上の最小パルス幅が 20 us の場合，この波形を精度よく得るためにタイムステップは 1 桁小さくして 2 us より小さい値に設定することが適切です[†]。

3.2.7　シミュレーションの実行

　それでは，作成した回路の「シミュレーション実行」ボタン をクリックして実行してみましょう。メニューバーの「オプション」➡「SimView 自動実行」が選択されているとシミュレーション結果が自動的に表示されます。SimView が立ち上がらない場合は，こちらの「SimView 実行」ボタン をクリックしてください（**図 3.20**）。

[†]　設定画面では接頭語 µ（マイクロ）や m（ミリ）などをつけて入力することができます。なお，PSIM では µ の代わりに u を用います。

34   3. 回路シミュレーション基本操作

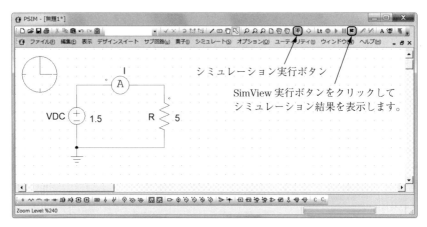

図 3.20 SimView 実行ボタン

シミュレーション結果の電流波形は**図 3.21** のようになります。

シミュレーション結果のグラフから，電流プローブでは電流値が 0.3 A となっていることが確認できます。これはオームの法則から，回路の電流プローブで観測できる電流値は，電流値＝電圧／抵抗となるためであり，計算すると 1.5 V／5 Ω＝0.3 A となります。SimView に表示される電流値 I＝0.3〔A〕と一致していることが確認できます。

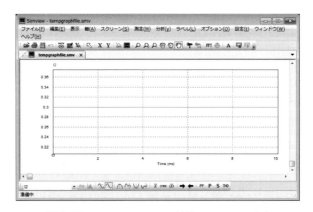

図 3.21 シミュレーション結果の SimView 画面

3.3 SimView の操作画面

3.3.1 SimView 画面の便利なボタン

SimView 画面の便利なボタンとその位置を**図 3.22**に示します。**表 3.2**では，便利なボタンについて説明します。そのほかのボタンも使って試してみてください。

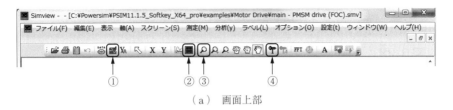

（a） 画面上部

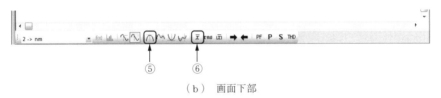

（b） 画面下部

図 3.22 SimView 画面の便利なボタン

表 3.2 SimView 画面の便利なボタン

	アイコン	ボタン名	内容
①		再描画ボタン	波形を再描画したい場合にクリックしてください。
②		波形表示追加ボタン	測定結果の複数の波形を別々のウィンドウで表示します。
③		エリア拡大ボタン	マウスで指定した範囲を拡大することができます。
④		数値表示ボタン	クリックしてから画面をクリックすると，波形のクリックしたポイントの数値を表示します。
⑤		グローバル最大ボタン	現在表示されている波形の最大点を検索します。測定値は別ウィンドウで表示されます。
⑥		平均値ボタン	波形の平均値を算出します。算出された平均値は別ウィンドウで表示されます。

3.3.2 波形データファイルのマージ機能

複数の波形データファイルを同じSimView画面上に表示することで，回路のパラメータの変化による波形の違いをわかりやすく比較することができます。ここでは保存されている波形データファイルを，同じSimView画面上に表示させる方法であるマージ（merge）機能を紹介します。サンプル回路を使用し，回路のゲート信号のパラメータ（スイッチングポイント）を変えてシミュレーションした波形を保存し，保存したファイルをSimViewでマージします。SimViewはASCIIテキスト形式（.txt）か，SimView形式（.smv）のデータファイルが読み込めます。

図3.23の右側のサンプル回路を使って説明します。

【ファイル保存場所】 C:¥Powersim¥PSIM・・・¥examples¥dc-dc
【ファイル名】 buck.psimsch

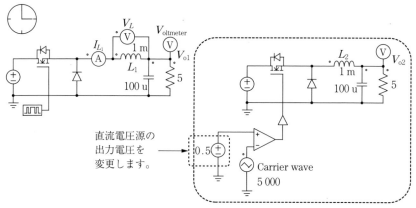

図3.23 マージ機能説明用のサンプル回路（右側枠内の回路）🔽

回路のデューティ（duty）比を変更して波形を重ねてみます。サンプルファイルでは，比較器の正の入力値0.5（直流電圧源の出力値）がデューティ比となります。このデューティ比を0.3と0.8へ変化させて結果の波形をマージしてみます。

SimViewの実行結果は，*.smvファイルに保存されます。デューティ比ごと

3.3 SimViewの操作画面　37

につぎのようなファイル名をつけて保存をします。
- buck05.smv　デューティ比 0.5 のシミュレーション結果
- buck03.smv　デューティ比 0.3 のシミュレーション結果
- buck08.smv　デューティ比 0.8 のシミュレーション結果

ファイル保存は SimView の操作画面で行います。

SimView を起動して波形ファイル「buck05.smv」(.smv や .txt など) を開くと図 3.24 のような波形が表示されます。

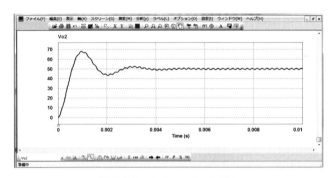

図 3.24　波形ファイルを開く

つぎにメニューバーの「ファイル」から「マージ」を選択し，同じ画面上で表示させたい波形ファイル「buck03.smv」を選択すると，図 3.25 (a) の

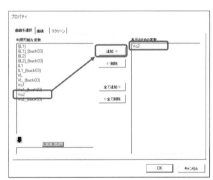
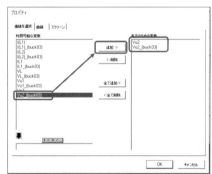

（a）　追加波形選択画面　　　　（b）　追加波形設定後の画面

図 3.25　波形ファイルの追加（一つ目）

38　3．回路シミュレーション基本操作

「利用可能な変数」欄に「波形の名前_（ファイル名）」が表示されます。

マージしたい変数を選択して「追加」をクリックすると図3.25（b）の「表示のための変数」欄に追加されます。

同様にして「buck08.smv」も読み込むと，**（図3.26（a））**の「利用可能な変数」欄に表示されます。マージしたい変数を選択して追加をクリックすると図3.26（b）の「表示のための変数」欄に追加されます。

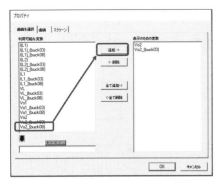 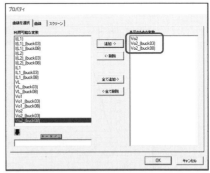

（a）　追加波形選択画面　　　　　　（b）　追加波形設定後の画面

図3.26　波形ファイルの追加（二つ目）

OKをクリックするとマージされた波形が表示されます（**図3.27**）。

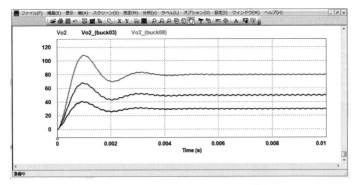

図3.27　波形マージ後の画面 DL

このようにマージ機能を用いると，複数のファイルから読み込んだデータを一つのグラフ上で表示することができ，比較検討することができます。

入力電圧 100 V に対して，デューティ比 0.5 の場合は出力電圧 50 V，デューティ比 0.3 の場合は出力電圧 30 V，デューティ比 0.8 の場合は出力電圧 80 V となっています。つまり

$$入力電圧 \times デューティ比 = 出力電圧$$

の関係となっていることがわかります。

3.4　サンプル回路の活用事例

自分で回路を作成する際に，最初から回路を設計するのではなく，サンプル回路に変更を加えて作成することがよくあります。

ここでは 3.1 節で動かしたサンプル回路に変更を加え，昇圧回路を作成してみましょう。降圧回路はバックコンバータ，昇圧回路はブーストコンバータともいいます。

降圧回路では

$$入力電圧 \times デューティ比 = 出力電圧$$

という関係があります。

昇圧回路では

$$\frac{入力電圧}{1-デューティ比} = 出力電圧$$

という関係になります。

まずは，実際に昇圧回路を作成し，この式のとおりの出力電圧となるかを確認してみます。回路を作成してみると元のサンプル回路（**図 3.28**）に対して，昇圧回路は**図 3.29** のようになります。

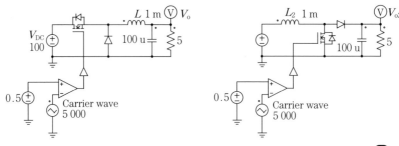

図3.28 元のサンプル回路（降圧回路）　　図3.29 変更後の昇圧回路 DL

つぎに，デューティ比を 0.3，0.5 として電圧波形を確認してみましょう（図3.30）。

入力電圧 100 V でデューティ比 0.5 の場合は

$$\frac{1}{1-0.5}=2$$

となり，出力電圧は 200 V，同様にデューティ比 0.3 の場合は

$$\frac{1}{1-0.3}=1.43$$

となり，出力電圧は 143 V へと昇圧されていることが確認できます。

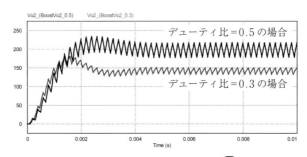

図3.30 昇圧回路出力波形 DL

さまざまな回路解析手法

　本章では，LCフィルタ回路を使ってPSIMで行える基本的な解析手法について説明します。ここで挙げる五つの例は，PSIMを使った基本的な解析手法として，ぜひ身につけていただきたい内容です。

4.1　過　渡　解　析

　過渡解析とは，時間の変化に対する回路各部の電圧や電流などの変化を観測するものです。例えば，オシロスコープも時間の変化に対する波形の変化を観測しており，過渡解析の一つです。回路では通常，入力が時間に対して変化するとそれに応じて出力も時間に対して変化します。入力から出力へどのように信号が伝わったのかを，過渡解析を行うことにより明らかにすることができます。

　過渡解析を行うには，通常であれば電圧や電流に関する微分方程式を作り，これを計算しなければなりません。しかしながら，PSIMを使えば複雑な数式を意識することなくシミュレーションを行うことができ，簡単に結果が得られます。

解析に用いる回路

　過渡解析について，図 4.1 の回路を例として説明します。抵抗，コイル，コンデンサを組み合わせたLCフィルタ回路を作成し，シミュレーションにより V_R，V_L，I_R の波形を表示して過渡解析を行います。

4. さまざまな回路解析手法

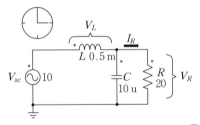

図 4.1 過渡解析用 LC フィルタ回路

Step1 シミュレーション条件の設定

シミュレーション制御(図 4.1 の時計マーク)のパラメータを**図 4.2**のように設定します。

タイムステップ	0.2 ms
総時間	0.12 s
表示タイム	0
表示ステップ	2

図 4.2 シミュレーションパラメータの設定

おもなパラメータの説明を以下に示します。

表示タイム:何秒以降のデータを表示するかを設定します。例えば,0 なら 0 秒から,0.1 なら 0.1 秒から表示をします。

表示ステップ:データの間引きをどの程度行うかを設定します。例えば,1 な

ら全データを表示し，2なら2回に1回データを表示します。

本例ではタイムステップは0.2 ms なので，シミュレーションは0.2 ms ごとに行い，表示ステップは2なので，0.4 ms ごとの計算結果を SimView で表示します。「表示タイム」と「表示ステップ」の設定は，シミュレーション結果の表示されるデータ量にかかわります。シミュレーションは細かく行いたいが，表示するデータ量は抑えたいという場合には，表示ステップで調整します。

Step2 素子パラメータの設定

PSIM では，素子パラメータで素子の出力波形を定義します（**図 4.3**）。交

（a） 電圧源

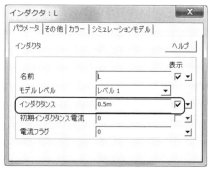

（b） インダクタ

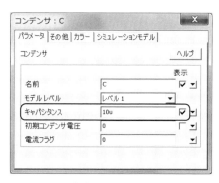

（c） コンデンサ

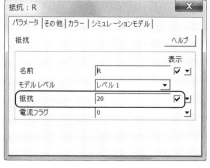

（d） 抵抗

図 4.3 パラメータの設定

流電源では正弦波電圧源を使っており以下のように設定します（図4.3（a））。

最大値　　$V=10\,\mathrm{V}$
周波数　$f=50\,\mathrm{Hz}$

インダクタ，コンデンサ，抵抗はそれぞれ図4.3（b）～（d）のように設定します。

インダクタンス　$L=0.5\,\mathrm{mH}$
キャパシタンス　$C=10\,\mathrm{uF}$
抵　抗　　　　　$R=20\,\Omega$

入力欄の横の「表示」チェックボックスにチェックを入れると，設定した値が回路図に表示されます。

Step3　計測ポイントの設定

つぎに，電圧プローブ，電流プローブを使用して，インダクタの電圧，抵抗の電流と電圧を計測できるようにします（**図4.4**）。

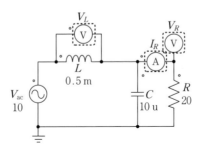

図4.4　電圧電流プローブの設置 **DL**

Step4　シミュレーションの実行

「シミュレーション実行」をクリックするとシミュレーションが始まります。シミュレーションが完了した後に「SimView実行」をクリックすると**図4.5**の「プロパティ」が表示されます。「全て追加」をクリックして「OK」を押します。

設置されたプローブによる電圧電流の波形が観測できます。**図4.6**のように抵抗の電圧，電流およびインダクタの電圧が表示されます。

4.1 過渡解析　　45

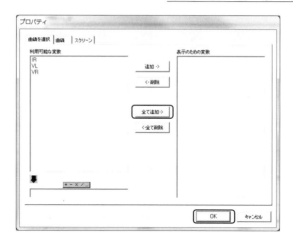

図 4.5　SimView 上のパラメータの選択

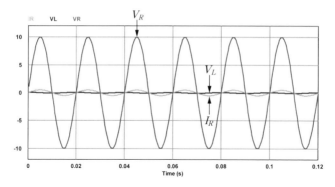

図 4.6　SimView 上の各パラメータの電圧・電流波形

　図4.6は三つの波形を重ねて表示していますが，各波形を別々のウィンドウで観測することもできます。**図4.7**に示すように「スクリーンを追加します（波形表示追加ボタン）」 をクリックし，パラメータを一つ選択して「追加」，「OK」の順にクリックすると新しいウィンドウに選択したパラメータの波形が現れます。

　同じように，パラメータごとに同じ設定をすると，別々のウィンドウで波形を観測することができます（**図4.8**）。

46   4. さまざまな回路解析手法

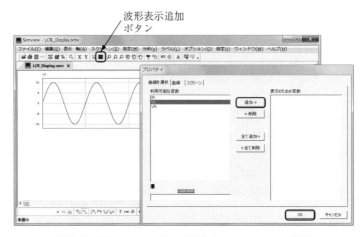

図 4.7　別々のウィンドウ表示ためのパラメータの選択

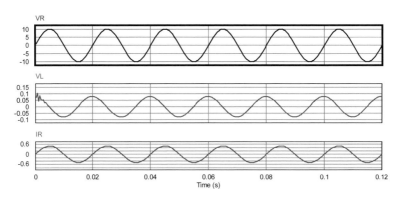

図 4.8　別々のウィンドウで表示した電圧・電流波形

【練習問題 4.1】

図 4.1 の回路において，抵抗の値を 20 から 2Ω へ変更して，シミュレーションで波形を観測してみましょう。

解答 抵抗値を 1/10 としたことで抵抗の電流値が反比例して増加していることがわかります（図 4.9）。

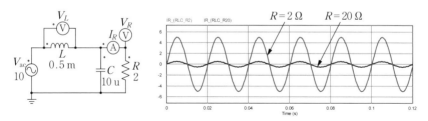

図 4.9　練習問題 4.1 の設定と I_R の比較結果

【練習問題 4.2】

図 4.4 の電圧，電流プローブの位置を変更し，コンデンサの電圧をシミュレーションで観測してみましょう。

解答 コンデンサの電圧を観測するために電圧プローブ V_C を追加します。回路図の出力波形は，図 4.10 のようになります。

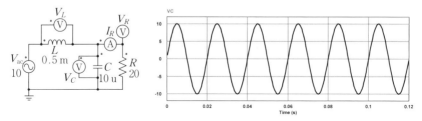

図 4.10　練習問題 4.2 の設定と V_C の波形

〈ヒント 1〉　**波形どうしの演算**　SimView 上で波形どうしの演算を行うことができます。本節の LC フィルタ回路では抵抗の電圧と電流を測定しています。抵抗の電流波形に抵抗値 20 Ω を乗算すると V_R の波形と同じになります。演算式を作成して SimView 上で計算した波形と V_R の波形が一致していることを確認します。

$V = I * R$ ですから，本回路の抵抗の電圧計算は，$V_R = I_R * 20$ となります。

4. さまざまな回路解析手法

まず，SimView 画面の V_R のウィンドウをダブルクリックします。波形の演算に使うのは図 4.11 で示した左下の枠です。演算したいパラメータ I_R を選択し，矢印をクリックすると左下の枠内に入ります。枠の上の演算子をクリックし，掛け算のアスタリスクを選択します。抵抗値が 20 Ω なので 20 と入力します。この状態で追加ボタンをクリックすると演算式が右側の枠に入ります。「OK」をクリックすると波形が V_R のウィンドウに一緒に表示されます。

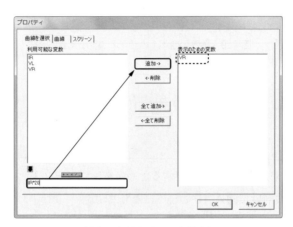

下の枠内で変数を使った演算を行い，
「追加 ->」ボタンで追加します

図 4.11 パラメータの演算方法

波形を一つのウィンドウに表示すると図 4.12 のように一致した波形となります。

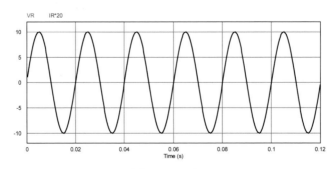

図 4.12 計算した電圧波形と実測波形

4.1 過渡解析　49

〈ヒント2〉　**SimViewによる表示波形のプロパティ設定**　過渡解析でサンプリングごとに波形を分析したい場合，SimViewのプロパティにてサンプリングごと（ステップごと）に点がついた波形を表示することができます。

シミュレーション実行後にSimViewのウィンドウが開きます。開いた「プロパティ」で「曲線」のタブを選択すると（**図4.13**）曲線の「カラー」，「線の太さ」，「マーカー標記」，「曲線名」を設定できます（**図4.14**）。

図4.13　プロパティのウィンドウ

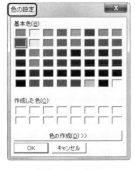
（a）色の設定

（b）線の太さ

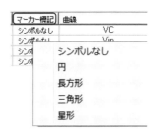
（c）マーカー標記

図4.14　おのおのの設定内容

50　4. さまざまな回路解析手法

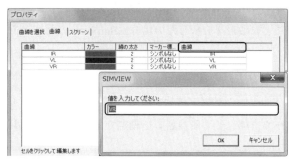

（d）曲線名

図 4.14　（つづき）

デフォルトの設定は SimView の「オプション」→「設定」で定義できます。波形が表示されているときは波形上でダブルクリックするとプロパティが表示されます。

「マーカー標記」を変更することにより，サンプリングごとに点がついた波形を表示できます。

〈ヒント 3〉　**横軸（X 軸）を時間以外に設定する方法**　　時間を横軸としてパラメータを解析する以外に，ほかのパラメータを横軸に設定することができます。SimView の横軸は，デフォルトの設定では時間となります。SimView メニューバーの「軸」→「X 軸変数を選択」をクリックします（**図 4.15**）。

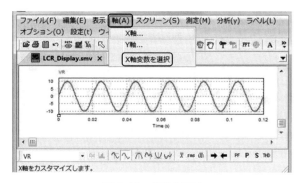

図 4.15　軸設定画面

X軸設定の画面が開きます（図4.16）。▼をクリックすると

図4.16　X軸設定画面

X軸に設定できるパラメータが表示されますので，設定したいパラメータを選択します（図4.17）。

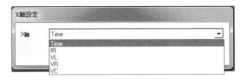

図4.17　X軸の選択

これにより選択したパラメータをX軸とした波形表示に変わります。

4.2　周波数解析

電気回路では，入力する電圧や電流の周波数が異なると，出力される電圧や電流の振幅や位相が異なります。これを周波数特性といいます。一般に周波数が低い場合には周波数特性を気にする必要のないケースが多いのですが，周波数が高い場合や特定の周波数をフィルタ処理する場合には，周波数特性を考慮した回路設計を行う必要があります。

周波数解析は，周波数特性を解析することを目的としており，交流電圧や交流電流の周波数を変化させながらシミュレーションを行います。PSIMでは「ACスイープブロック」という素子を使って周波数解析を行います。過渡解析ではシミュレーション波形の横軸は時間でしたが，周波数解析を行う場合には横軸は周波数となります。広範囲の周波数成分を観測するため，通常は対数で表示されます。

4. さまざまな回路解析手法

解析に用いる回路

周波数解析を行うために，PSIM では「AC スイーププローブ」と「AC スイープブロック」が用意されています。これらを用いて回路の周波数特性を解析して，ボード線図を出力します。ボード線図とは，横軸が周波数，縦軸がゲインおよび位相を対にしたものであり，回路の周波数特性を表します。

4.1 節で作成した回路の交流電圧源を直流電圧源に変更してから AC スイープブロック，および AC スイーププローブを追加し，抵抗値を 50Ω に設定してボード線図を SimView 上に図示します（**図 4.18**）。

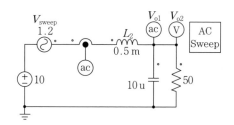

図 4.18 AC スイープブロックと AC スイーププローブを使った回路 📥

Step1 シミュレーション条件の設定

シミュレーション制御のパラメータの設定は 4.1 節と同じにします。

タイムステップ	0.2 ms
総時間	0.12 s
表示タイム	0
表示ステップ	2

Step2 素子パラメータの設定

AC スイープの素子は，PSIM メニューバーにあるライブラリブラウザで「AC」と入力すると検索できます。AC スイープブロックに正弦波電圧源の名称およびパラメータを設定します。設定画面は**図 4.19** のようになります。励起電源名称は電圧源と同じ名前にしなければなりません。

4.2 周波数解析　53

（a）正弦波電圧源　　　　　　　　　（b）ACスイープ

図 4.19　正弦波電圧源と AC スイープのパラメータ設定画面

AC スイープブロックのパラメータ説明を以下に示します。

開始周波数：交流スイープの開始周波数〔Hz〕
終了周波数：交流スイープの終了周波数〔Hz〕
データ点数：データ数（細かく解析したい場合，データ数を増やす）
データ点フラグ：対数軸（0），整数軸（1）
励起電源名称：周波数解析入力信号の名称（電圧源の名前と同じにすること）
開始振幅：励起電源の開始周波数における振幅の大きさ
終了振幅：励起電源の終了周波数における振幅の大きさ
追加データ点周波数：追加データ点の周波数〔Hz〕

　周波数特性がある区間で急激に変化する場合には，この区間にデータ点を追加することにより，詳細な解像度が得られます。使用しない場合は空白にしてください。

Step3 **シミュレーションの実行**

　パラメータの設定が完了したらシミュレーションを実行し，SimView を立ち上げると**図 4.20** のグラフが表示されます。この図は「ボード線図」と呼ばれ，上のグラフは振幅と周波数の関係を表したものであり，「ゲイン特性」と

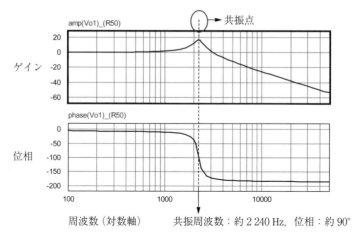

図 4.20 ボード線図

呼びます。下のグラフは位相と周波数の関係を表したものであり,「位相特性」と呼びます。

本回路では 2 240 Hz あたりにゲインのピークがあることがわかります。このピークを共振点,ピークの周波数を共振周波数といいます。この結果から本回路は周波数 2 240 Hz 以上で出力が減衰するローパスフィルタになっていることがわかります。

特定の周波数のみを出力することができる回路を「フィルタ」といい,低い周波数のみを出力するフィルタを「ローパスフィルタ」と呼びます。ローパスフィルタについては 5.2 節で詳しく説明します。

【練習問題 4.3】
素子パラメータの抵抗値を 50 Ω から 20 Ω へ変更してみます。共振周波数がどうなるかシミュレーションしてみましょう。

解答 結果の波形は**図 4.21** のようになります。抵抗値の変更では共振周波数は変わらず,ピークが低くなることがわかります。

4.2 周波数解析

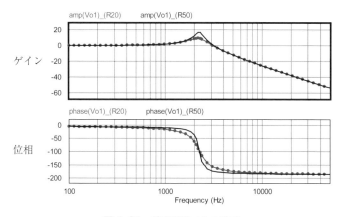

図 4.21 練習問題 4.3 の結果

〈💡ヒント 4〉 **AC スイープの設定** 図 4.22（a）で示した AC スイープブロックの設定画面の一番下にある「追加データ点周波数」という欄では，追加して解析したい周波数を設定できます。PSIM の周波数特性解析では，開始と終了の周波数を設定し，その間のポイント数を決めると，解析時に開始と終了の間の周波数を自動で均等に割り振ります。このため，自動で割り振られた間に共振点が入ってしまうと綺麗にプロットできません。例えば，なにも設定せずに解析すると共振点付近がなまったような形でプロットされてしまいます。

共振点付近を細かく解析したい場合，方法は二つあります。一つは，ポイント数を増やすことです。ただし，この方法では解析回数が多くなるため，シミュレーションに時間がかかります。もう一つは，本例のように細かく解析したい周波数だけ「追加データ点周波数」に設定する方法です。この方法であれば必要最低限の時間で解析を行うことができます。

解析する方法としては，最初は「追加データ点周波数」になにも入れず，ポイント数を大まかに設定して解析し，その後，共振点と想定される周波数を追加し，再度解析することをお勧めします。

56   4. さまざまな回路解析手法

(a) 正弦波電圧源

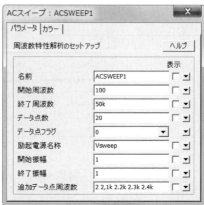

(b) AC スイープ

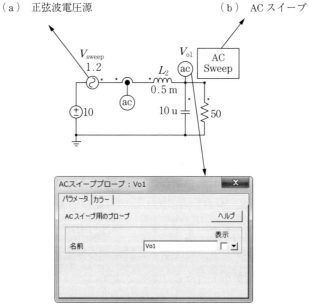

(c) AC スイーププローブ

図 4.22　AC スイープのパラメータ設定

〈💡ヒント 5〉 **PSIM の周波数解析の特徴**　PSIM の周波数解析は伝達関数ベースではなく，過渡解析ベースで行うという特徴があります。つまり，周波数を変えて何度も過渡解析を行うという仕組みです。ACスイープブロックのポイント数で設定した数に加え，追加データ点周波数に設定した数の回数分だけシミュレーションを行うことになります。このため，スイッチング素子が入った非線形の回路であっても周波数解析が可能になっています。例えば，インバータのようにスイッチが入って，急に状態が変わる回路を伝達関数で表現しようとすると非常に複雑な式になってしまいます。しかしながら，PSIM では途中でどのようなスイッチング回路が組み込まれていたとしても入力と出力の比でプロットしていくので，非線形回路の周波数解析を行うことが可能です。

4.3　パラメータスイープを用いた解析

パラメータスイープとは，指定したパラメータを指定した刻み幅で直線的に変化させ，繰り返し計算を行う方式です。シミュレーションを一度実行すれば，パラメータの値を自動的に変えたシミュレーションが実行され，結果が出力されます。

「パラメータのスイープ」というブロックを使ってパラメータとスイープする値を設定します。

解析に用いる回路

正弦波電圧源に「パラメータのスイープ」ブロックを追加し（図 4.23），

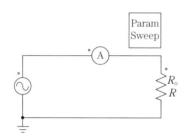

図 4.23　抵抗スイープ回路 **DL**

4. さまざまな回路解析手法

抵抗の変化（1〜10Ω）に対する電流値の変化を SimView で見てみましょう。

Step1 シミュレーション条件の設定

シミュレーション制御のパラメータの設定は 4.1 節と同じ設定とします。

タイムステップ	0.2 ms
総時間	0.12 s
表示タイム	0
表示ステップ	2

Step2 素子パラメータの設定

枠内の抵抗の名前とパラメータスイープの名前は同じとなるように設定してください。ここでは R_o と設定しています（**図 4.24**）。

（a）抵　抗

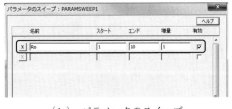

（b）パラメータのスイープ

（c）正弦波電圧源

図 4.24 素子パラメータの設定

パラメータスイープブロックの抵抗値をスタート 1，エンド 10，増量 1 と設定します。「有効」にチェックを入れると，そのパラメータの設定が有効になります。

Step3 シミュレーションの実行

シミュレーションを実行します。終了したら SimView 画面を表示し，R の 1 から 10 に対する電流値の結果があることを確認します。

5.1 節で説明しますが，交流電圧源の負荷として抵抗を接続すると，流れる電流はオームの法則に従い変動します。

図 4.25 では R_1，R_2，R_6 に対する電流波形のみを示していますが，パラメータのスイープで設定した各抵抗値に対し，電流波形が表示されていることを確認してください。

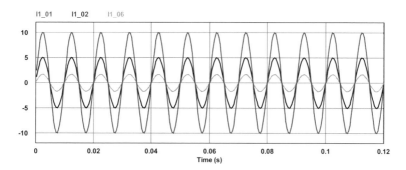

図 4.25　抵抗値変化による電流波形

【練習問題 4.4】

4.2 節で作成した図 4.18 の周波数解析回路の抵抗値をスイープさせ，1 回のシミュレーションで抵抗値の変化に対する周波数特性の変化を確認してみましょう。

解答　回路図とパラメータの設定例を図 4.26 に示します。

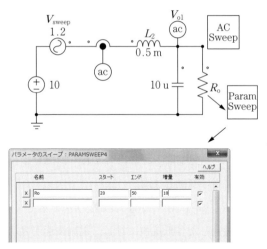

図4.26 パラメータスイープを使った周波数特性解析回路 DL

回路の抵抗 R を変化させたときの周波数特性解析結果は，図 4.27 のようになります。抵抗値 R が大きくなると，ピークが高くなることがわかります。

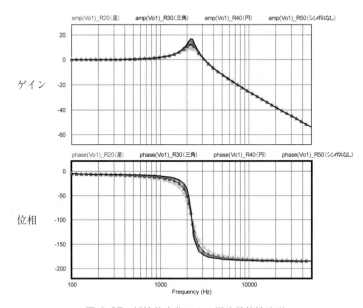

図4.27 抵抗値変化による周波数特性波形

4.4　FFT 解 析

　FFT は，高速フーリエ変換（fast fourier transform）の略であり，フーリエ変換の計算回数を減らして高速で計算する方式です。

　どのような複雑な波形も，同じ形を繰り返す周期性を持った波形であれば，周波数と振幅が異なる複数の正弦波（sin 波）を足し合わせることで表現できます。これがフーリエ変換の基本的な考え方です。フーリエ変換を行うことにより，一つの複雑な波形を複数の単純な正弦波に分けることができます。これらの複数の正弦波は，おのおの周波数と振幅で表現されますので，縦軸を振幅，横軸を周波数としたグラフ上にプロットすることができます。このグラフを「スペクトル波形」と呼びます。

　図 4.28 に示した縦軸を振幅，横軸を時間としたグラフでは，電圧や電流波

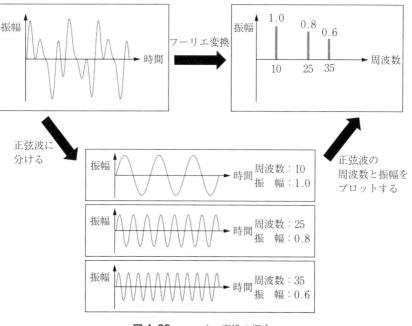

図 4.28　フーリエ変換の概念

形の時間的な変化を観測することはできますが，波形の時間的な変化がなにに起因しているのかを解析するのは困難です。このため，フーリエ変換を使ったFFT解析を行うことにより，どの周波数のレベルでどの程度の変化が生じたのかを観測し，その変化を生じた原因の分析に役立てます。

4.2節で説明した周波数解析は回路の周波数特性を調べる解析手法であり，結果はボード線図で表されます。しかしながら，FFT解析は波形の周波数特性を調べる解析手法であり，結果はスペクトル波形で表示されます。横軸は，どちらも周波数となります。

ここでは，図4.4で作成した回路例を使ってFFT解析を行い，その結果となるスペクトル波形を観測します。

[解析に用いる回路]

図4.29に示したLCフィルタ回路（図4.4と同じ）を使用し，抵抗にかかる電圧（V_R）のFFT解析を行います。SimView上で電圧プローブV_Rのみを表示して観測します。

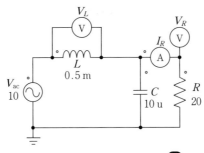

図4.29 LCフィルタ回路 DL

図4.30で示すとおり，X軸を設定するために「X」ボタンをクリックします。FFT解析で指定するデータの範囲は基本波の周期の整数倍であることが条件となるため，時間軸の範囲を一周期分の0.1から0.12に変更します。「OK」を押すと一周期分の波形が表示されます。「FFT」ボタンを押すとFFT解析が行われ，自動的に周波数領域が表示されます。また，時間領域と周波数

4.4 FFT 解析　　63

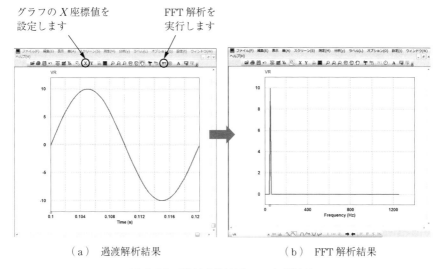

（a）過渡解析結果　　　　　（b）FFT 解析結果

図 4.30　過渡解析結果と FFT 解析結果

領域のいずれの結果もファイルに保存し Excel で読み込むことが可能です。

再度時間領域の表示に戻す場合は FFT ボタンの横の時計マークを押すと元に戻ります。FFT を使って高調波解析を行う場合，つぎの条件が満たされることを確認してください。

- 波形が定常状態に達したこと。
- FFT 解析で指定したデータの範囲が基本波の周期の整数倍であること。

例えば，60 Hz の波形では，データの長さは 16.67 ms か，その倍数に設定する必要があります。これを守らないと正しい FFT 解析の結果が得られません。

データの範囲設定は，SimView で「X」をクリックし，「開始」と「終結」に適切な値を設定することで行います。FFT 解析は，画面に表示されている範囲に対してのみ実行されます。

⚠ **注意**　FFT 解析の結果は，離散的であることに注意してください。FFT 解析の結果は，データの時間間隔 Δt と解析するデータの長さ T_{length} に依存します（Δt はシミュレーションタイムステップで設定した値の print step 倍です)。FFT 解析の基本波周波数は $1/T_{length}$ となり、$\Delta f = 1/T_{length}$ ごとに解析結果が得られます。また、最大周波数は $f_{max} = 1/(2*\Delta t)$ となります。

例えば、1 kHz の方形波を 10 us 刻みで 1 ms 表示させて FFT 解析した場合、$T_{length} = 1$ ms、$\Delta t = 10$ us となります。したがって、$\Delta f = 1/T_{length} = 1$ kHz となり、解析結果の最大周波数は $f_{max} = 1/(2*\Delta t) = 50$ kHz となります。

【練習問題 4.5】

図 4.29 の LC フィルタ回路に振幅 2 V 周波数 3 000 Hz の高周波および振幅 2 V 周波数 5 000 Hz 高周波の正弦波電圧源を足し合わせて、コンデンサ容量を 100 uF に変更して入力・出力電圧の時間領域と周波数領域の解析結果を確認してみましょう。

解答 回路図とパラメータの設定例を**図 4.31** に、SimView による入力、出力電圧の時間領域の解析結果を**図 4.32** に、周波数領域の解析結果を**図 4.33** に示します。

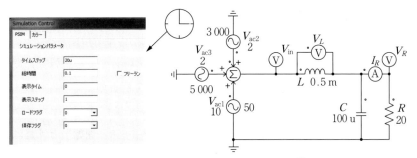

図 4.31 複数周波数成分電圧源回路 **DL**

4.4 FFT 解析　65

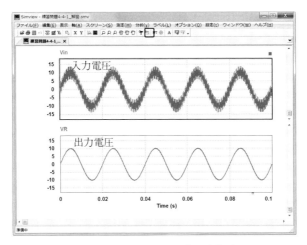

図 4.32　SimView による入力・出力電圧の
時間領域の解析結果

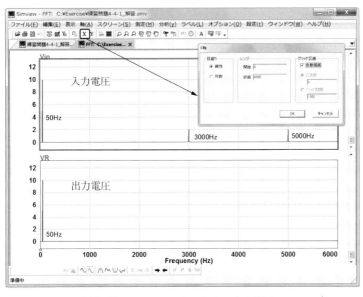

図 4.33　SimView による入力・出力電圧の
周波数領域の解析結果

4.5　オシロスコープを用いた解析

オシロスコープとは，時間の経過とともに電気信号（電圧，電流）が変化していく様子をリアルタイムに観測できる測定器です。PSIMにはオシロスコープという素子があり，実際のオシロスコープと同様に時間の経過に対する電圧・電流波形を観測することができます。

解析に用いる回路

図 4.34 の昇圧チョッパ回路を用いてオシロスコープで V_out の波形を観測してみましょう。

この昇圧チョッパ回路の直流電源電圧と出力電圧 V_out をオシロスコープで観測します。昇圧チョッパの出力電圧 V_out は，入力直流電圧源 V_in（=50 V）とデューティ比 D で決まります。理論上，平均出力電圧値は下記の式になります。

$$V_\text{out} = V_\text{in} \frac{1}{1-D}$$

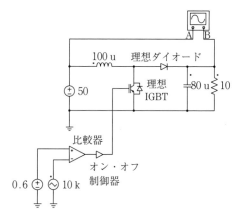

図 4.34　オシロスコープ波形観測用昇圧チョッパ回路 DL

Step1 シミュレーション条件の設定

総時間の設定をフリーランモードに設定します（**図 4.35**）。そうすることで，パラメータを変えながらオシロスコープで V_out の値を観測することができるようになります。

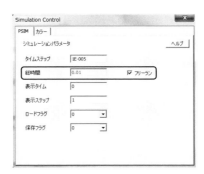

図 4.35　シミュレーション条件の設定

Step2 素子パラメータの設定

回路上の各素子のパラメータを**図 4.36** のように設定します。シミュレーション中の電圧波形を表示するために，1 チャンネルまたは多チャンネルスコープ（「素子」➡「その他」➡「プローブ」から選ぶ）を使用することがで

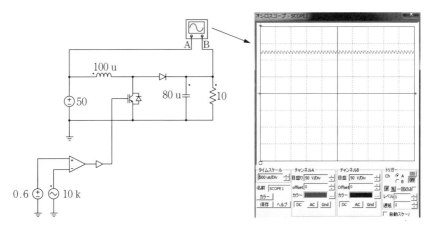

図 4.36　オシロスコープによる解析

きます。ここでは「2チャンネル電圧スコープ」を使います。

PSIMではシミュレーションを止めずにリアルタイムに操作が可能なシミュレーションを「対話型シミュレーション」と呼んでいます。対話型シミュレーションを行うためにはシミュレーション制御の総時間の横にあるフリーランのチェックボックスにチェックを入れます。チェックを入れると総時間に設定された値は無視され，シミュレーションし続けるようになります。止めるときは「シミュレーション中止」をクリックしてください。

フリーランは，シミュレーション中にパラメータを変更し，その結果をリアルタイムにオシロスコープで観測するといったシミュレーションを行うことができます。

⚠ **注意**

① シミュレーション制御のフリーランのチェックボックスを入れることを忘れないでください。

② オシロスコープは，素子をダブルクリックしないと波形が表示されません。

Step3 シミュレーションの実行

シミュレーションを開始したら，デューティ比を制御している直流電源のパラメータの出力数値のみをダブルクリックするか，もしくは素子を右クリックして「ランタイム変数」を表示します（**図 4.37**）。

ランタイム変数は直接入力するか，三角のボタンを押すことで値を増減することができます。また，直流電圧値の調整と同じく，抵抗の値を変えながら抵抗に流れる電流をオシロスコープで観測できます。

デューティ比を 0.2 にすると出力電圧が下がります。デューティ比が変わることで回路電圧が変化していることをリアルタイムにオシロスコープで観測することができます。

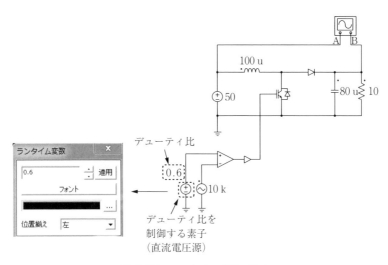

図 4.37 ランタイム変数の設定

〈ヒント6〉 **電流オシロスコープ**　PSIM では，各素子に対してオシロスコープを付属することができます。素子を右クリックして電流スコープを選びます（**図 4.38**）。新たにオシロスコープが表示され，電流波形を観測することができます。前述の直流電圧値の変更と同じ方法で抵抗の値を上下すると，電流の値が変わることが確認できます。抵抗と同様にダイオードや IGBT でも素子に流れる電流を確認することができます。

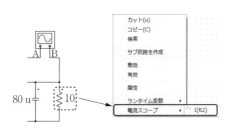

図 4.38 電流スコープ設定画面

〈ヒント7〉 **オシロスコープのトリガー機能**　PSIM のオシロスコープは，実際のオシロスコープと同じような操作ができます。時間のスケールや，2 チャンネルの個別の縦軸スケール，トリガー機能を用意しています。トリ

ガー機能も実際のオシロスコープと同じ操作方法になります。**図 4.39** はデューティ比を 0.4 から 0.6 へ変更したときのトリガーによりキャプチャされた出力電圧瞬間応答波形です。

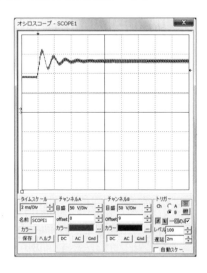

図 4.39 トリガーによる出力電圧瞬間応答波形

【練習問題 4.6】
図 4.34 のオシロスコープ波形観測用昇圧チョッパ回路を使用してインダクタの電流と出力電圧を観測するように接続してください。下記のようにパラメータを設定し，出力電圧波形にトリガーをかけてデューティ比を 0.1 から 0.6 へ変更し過渡応答の波形をキャプチャしてみてください。

シミュレーションコントロール	フリーランモード
トリガー機能	ON
トリガーレベル	100 V
立ち上がりエッジトリガー	有効
遅　延	2 ms

4.5 オシロスコープを用いた解析　71

解答　回路図，パラメータの設定例およびキャプチャした波形を**図4.40**に示します。

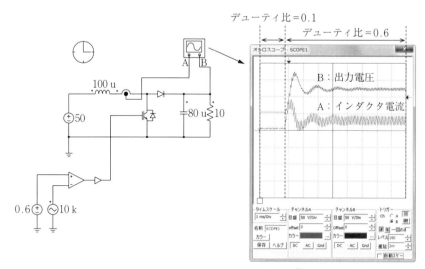

図4.40　電流電圧瞬間応答波形 **DL**

⑤ さまざまなアプリケーション事例

　PSIMは，スイッチング電源，モータ駆動，電力変換装置などのさまざまなアプリケーションの検証に使用されています。

　本章では，PSIMの回路を使って具体的な回路解析を行ってみましょう。特に，5.3〜5.5節で紹介するアプリケーションはパワーエレクトロニクス回路の代表的なものであり，これらのシミュレーションができればほかの回路への応用もできるようになっていきます。

5.1　交流と抵抗，インダクタ，コンデンサの関係

　本章で扱うのは電気回路の初歩的な内容ですが，本書を手にとって学習を始めた方の中には，電気回路の基礎から学習したいという方も多いと思います。特に，本節では交流回路におけるR（抵抗），L（インダクタ），C（コンデンサ）の基本をまとめていますので，これから電気回路を学ぶ方は，実際に自分の手でPSIMの回路を組んで動かし，理解を深めてください。

　ここでは，PSIMの回路で直流電圧源と交流を代表する正弦波電圧源を使って波形を比べてみます（**図5.1**）。

　正弦波電圧源の電圧および負荷に流れる電流は時間 t とともに周期的に変化し，時間 t の関数として三角関数を用いて表すことができます。ある時間 t における電流値 i，電圧値 v は時間 t での瞬時値といい，正弦波であることから

　　　電圧　　　$v = V \sin \omega t$ 　　　　　　　　　　　　　　　　(5.1)

　　　電流　　　$i = I \sin \omega t$ 　　　　　　　　　　　　　　　　(5.2)

5.1 交流と抵抗,インダクタ,コンデンサの関係

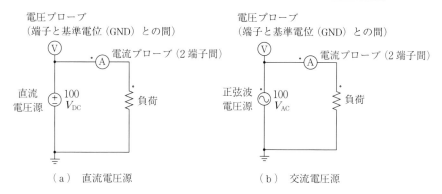

図 5.1　直流電圧源と交流電圧源

と表すことができます(大文字の I と V は電流と電圧の正弦波の振幅を表します)。

三角関数の角度となる ωt を位相といい,単位は rad(ラジアン)で表します。ここで使った ω を角周波数といい,周期 T は $T=2\pi/\omega$,周波数 f は $f=1/T=\omega/2\pi$ となります。

PSIM では素子パラメータで波形を定義します。図 5.1 の交流電圧源では正弦波電圧源を使っており,電圧の最大値 $V=100\,\mathrm{V}$,周波数 $f=50\,\mathrm{Hz}$ を設定しています(**図 5.2**)。

正弦波交流の振幅(=最大値)は $100\,\mathrm{V}$,周波数は $50\,\mathrm{Hz}$ なので 1 秒間に 50

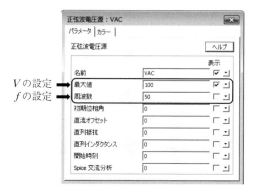

図 5.2　正弦波電圧源の設定

74   5. さまざまなアプリケーション事例

周期が繰り返されています。したがって，周期は1秒/50回で0.02秒となっています（**図5.3**）。

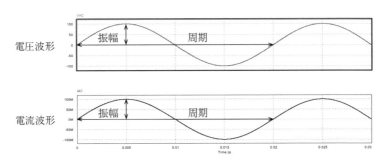

図5.3　正弦波電圧源の電圧波形と電流波形

【シミュレーション】

つぎに，この正弦波電圧源に，抵抗，インダクタ，コンデンサを接続した場合の電圧と電流の関係を見てみましょう。

〔1〕**抵抗負荷回路**　　**図5.4**のように回路を作成します。交流電圧源の負荷として抵抗を接続すると，流れる電流はオームの法則に従い変動します。例として PSIM の回路で抵抗値 100 Ω の抵抗を接続してみます。

シミュレーションの結果は，**図5.5**のようになります。

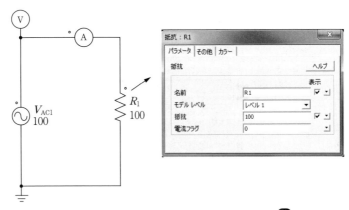

図5.4　抵抗負荷回路とパラメータの設定 🅳🅻

5.1 交流と抵抗,インダクタ,コンデンサの関係

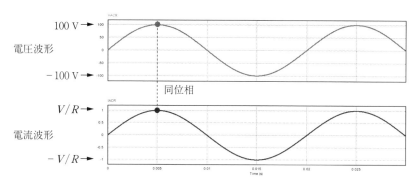

図5.5 抵抗負荷回路の波形

この結果を見るとわかるように,抵抗 R として $100\,\Omega$ を接続した場合,交流電圧 $v = V\sin\omega t$ を印加すると電流 i_R はオームの法則に従い

$$i_R = \frac{v}{R}$$

となります。電流の波形は電圧の $1/100$ の振幅となります。抵抗を接続した場合,位相のずれは生じません。電流の周期は電圧と同じであり,振幅がオームの法則に従った値となることがわかります。

〔2〕**インダクタ負荷回路** 図5.6 のように回路を作成します。例として PSIM の回路でインダクタンス $10\,\mathrm{mH}$ のインダクタを正弦波電圧源に接続

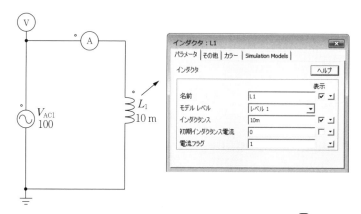

図5.6 インダクタ負荷回路とパラメータの設定

し，波形を見てみましょう．シミュレーション結果は，図 5.7 のようになります．

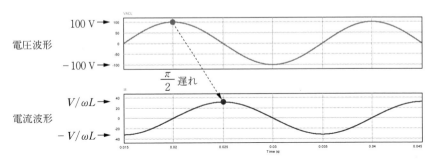

図 5.7　インダクタ負荷回路の波形

このように，電流が電圧に比べて位相が $\pi/2$ 遅れることが PSIM の波形により観測することができます．この結果を，理論解析結果と比較してみましょう．

正弦波電圧の瞬時値は式 (5.1)

$$v = V \sin \omega t$$

で表されます．

また，インダクタのインダクタンスを L，インダクタに流れる電流を i_L とすると電圧の瞬時値は

$$v = L \frac{di_L}{dt} \tag{5.3}$$

と表されます．

式 (5.3) の v に式 (5.1) を代入すると

$$\frac{di_L}{dt} = \frac{v}{L} = \frac{V}{L} \sin \omega t \tag{5.4}$$

電流 i_L を求めるために両辺を積分すると

$$i_L = \frac{V}{L} \left(-\frac{1}{\omega} \cos \omega t \right) \tag{5.5}$$

5.1 交流と抵抗,インダクタ,コンデンサの関係

となります。また

$$-\cos \omega t = \sin\left(\omega t - \frac{\pi}{2}\right)$$

$$i_L = \frac{V}{L}\left(-\frac{1}{\omega}\cos \omega t\right)$$

であることを使うと

$$i_L = \frac{V}{\omega L} \sin\left(\omega t - \frac{\pi}{2}\right) \tag{5.6}$$

となります。

式 (5.6) から電流の位相は電圧よりも $\pi/2$ 遅れ,振幅は電圧に対して $1/\omega L$ となることがわかります。図 5.7 のシミュレーション結果と比較すると,電圧に比べて電流の位相が $\pi/2$ 遅れていることがわかります。また,電源電圧の振幅 100 V に対し,電流の振幅が 31.8 A と $1/\omega L (= 0.318)$ 倍になっていることが確認でき,シミュレーション結果と理論解析結果が一致していることがわかります。

〔3〕 **コンデンサ負荷回路** 図 5.8 のように回路を作成します。例として PSIM の回路でキャパシタンス 10 mF(ミリファラッド)のコンデンサを正弦波電圧源に接続し,波形を見てみましょう。

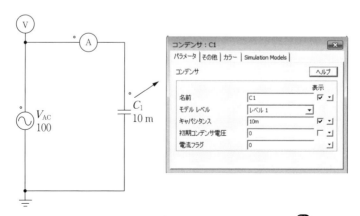

図 5.8 コンデンサ負荷回路とパラメータの設定

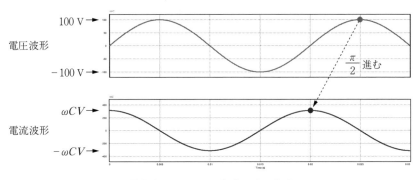

図5.9　コンデンサ負荷回路の波形

シミュレーションの結果を**図5.9**に示します。

このように，電流が電圧に比べて位相が$\pi/2$進むことがPSIMの波形により観測することができます。この結果を理論解析結果と比較してみましょう。

正弦波電圧の瞬時値は式（5.1）

$$v = V \sin \omega t$$

で表されます。

また，コンデンサの容量をC，コンデンサに流れ込む電流をi_Cとすると電流の瞬時値は

$$i_C = C \frac{dv}{dt} \tag{5.7}$$

となります。電圧の瞬時値vの式（5.1）を入れると

$$i_C = CV \frac{d(\sin \omega t)}{dt} \tag{5.8}$$

となり，電流i_Cを求めるために$\sin \omega t$を微分すると$\omega \cos \omega t$となることと，三角関数の関係

$$\cos \omega t = \sin\left(\omega t + \frac{\pi}{2}\right)$$

を用いて

$$i_C = CV\frac{d(\sin \omega t)}{dt} = CV\omega \cos \omega t = \omega CV \sin\left(\omega t + \frac{\pi}{2}\right) \tag{5.9}$$

となります。

式 (5.9) から電流の位相は電圧よりも $\pi/2$ 進み，振幅は電圧に対して ωCV となることが確認でき，シミュレーション結果と理論解析結果が一致していることがわかります。

5.2　ローパスフィルタと伝達関数

ここではローパスフィルタ回路と PSIM の素子メニューにある s 領域伝達関数を用いた回路を作成し，同じ結果が得られることを確認します。

最も簡単なローパスフィルタ（low pass filter，以降 LPF と記載）は**図 5.10**のような抵抗とコンデンサを使った LPF になります。入力に対して直列に抵抗が，並列にコンデンサが接続されています。

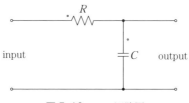

図 5.10　LPF 回路図

この LPF を PSIM 上で回路図としてシミュレーションした結果と，PSIM の「伝達関数ブロック」を利用して伝達関数のステップ応答をシミュレーションした結果を比較し，同じ結果となることを確認します。

はじめに LPF について解説すると，ある一定の周波数より低い周波数の交流を通過させ，高い周波数の交流は通さないようにするフィルタのことを LPF といいます。フィルタで設定した遮断周波数を超えたときに出力が減衰します。フィルタには次数があり，この次数が高いほどフィルタ効果が高く，性能としてよいものになります。図 5.10 に示したのは，一次の LPF です。一

次 LPF の場合，遮断周波数の計算は次式のとおりです．

$$F_C = \frac{1}{2\pi CR} \tag{5.10}$$

F_C：遮断周波数〔Hz〕，R：抵抗値〔Ω〕，C：容量値〔F〕

例えば，**図5.11** の回路のように入力側に 1 V，10 Hz の方形波電圧源を接続してフィルタの出力を測定する場合，遮断周波数の計算式により，この回路における遮断周波数 F_C は 31.8 Hz になります．この周波数付近より高い成分は減衰します．

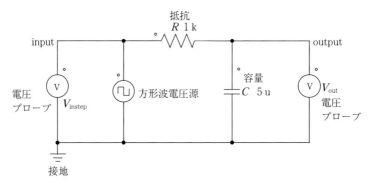

図 5.11 方形波電圧源の一次 LPF 回路

一次 LPF の出力電圧の波形は，入力した方形波に比べて立ち上がりや立ち下がりが緩やかになります．安定状態の出力電圧 V_{out} は，次式のようになります（詳細については，電気回路の書籍等を参照ください）．

$$V_{out} = V_{in}\left(1 - e^{-\frac{t}{CR}}\right)$$

$t = CR$ のときに出力電圧が入力電圧 V_{in} の 63.2% となります．この CR を時定数といいます．

時定数　　$T = CR$

図 5.11 の回路の場合（$C = 5$ uF，$R = 1$ kΩ），$T = 0.005$ s になります．
シミュレーションを実行して確かめてみましょう．SimView にて**図5.12** の

5.2 ローパスフィルタと伝達関数

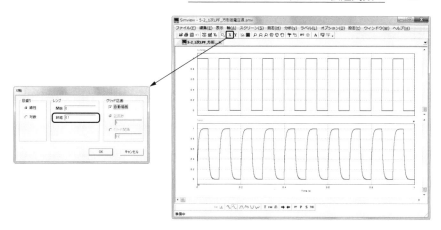

図 5.12 時間領域の入力電圧波形と出力電圧波形

ように入力・出力電圧波形が観測できます。

SimView のメニューで X 軸のレンジを $0 \sim 0.1$ に変更し，**図 5.13** のように 1 周期分の波形を観測すると，安定状態の出力電圧値の 63.2% に達する時間が 0.005 s になっていることがわかります。

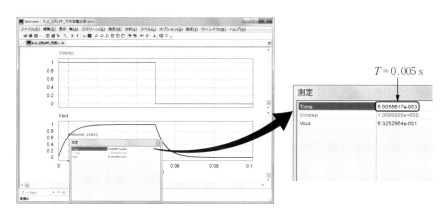

図 5.13 時間領域のステップ応答波形

つぎに周波数領域で見てみます。「FFT」ボタンを押すと FFT 解析が行われ，**図 5.14** のように自動的に周波数領域の表示に切り替わります。

SimView のメニューにて X 軸のレンジを $0 \sim 300$ に変更すると，低周波数

5. さまざまなアプリケーション事例

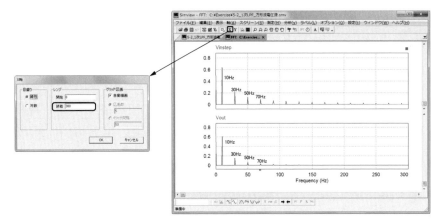

図 5.14　周波数領域の入力電圧と出力電圧の周波数成分

領域の周波数成分が見えるようになります。式 (5.10) の計算より遮断周波数は 31.8 Hz なので，この付近より高い周波数の成分が減衰していることがわかります。

つぎに，一次 LPF と伝達関数の関係を見ていきます。

ここで伝達関数について解説すると入力を出力へ変換する関数を伝達関数といい $H(s)$ と表します。伝達関数は複素数 s を使って表現した入力と出力の関係を表す関数であり，どのような入力に対しても伝達関数 $H(s)$ を使って出力を得ることができます。この入出力の関係から伝達関数は入力と出力の比となり，つぎのように表すことができます。

$$伝達関数 \quad H(s) = \frac{出力}{入力}$$

【シミュレーション】

LPF の過渡解析用回路は**図 5.15** のようになります。図 5.11 の方形波電圧源をステップ電圧源に入れ替えた回路となります。

各素子のパラメータ設定，シミュレーション条件の設定は**図 5.16** のように行います。

5.2 ローパスフィルタと伝達関数

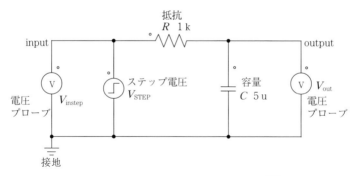

図 5.15　LPF の PSIM 過渡解析回路 DL

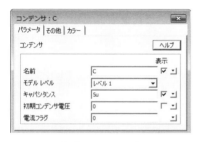

（a）コンデンサ

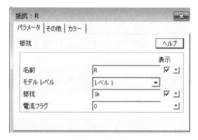

（b）抵　抗

ステップ変化後の電圧
　V_{STEP}：1
ステップ変化を発生させる時間
　T_{step}：0.01
として設定します。

（c）ステップ電圧源

タイムステップ：1E$-$0.05
総時間：0.05
表示ステップ：1
として設定します。

（d）シミュレーション条件の設定

図 5.16　各種パラメータ設定

84   5. さまざまなアプリケーション事例

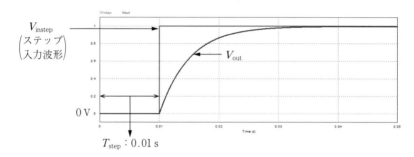

図5.17　シミュレーション結果の波形

シミュレーションを実行すると，結果の波形は図5.17のようになります。

つぎに，伝達関数ブロックを使って波形を確認してみます。PSIMメニューバーの「素子」➡「制御ライブラリ」➡「その他機能ブロック」➡「s領域伝達関数」を選択します（図5.18）。

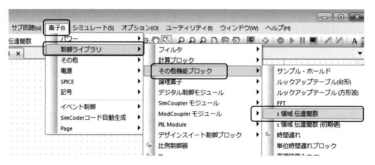

図5.18　s領域伝達関数の階層

メニューバーから選択した「s領域伝達関数」をクリックし，伝達関数ブロック┤H(s)├をPSIM回路上に配置します。図5.15のLPF過渡解析回路を伝達関数ブロックで置き換えると，回路図は図5.19のようになります。

伝達関数ブロックをダブルクリックすると図5.20に示すウィンドウが開きます。

5.2 ローパスフィルタと伝達関数

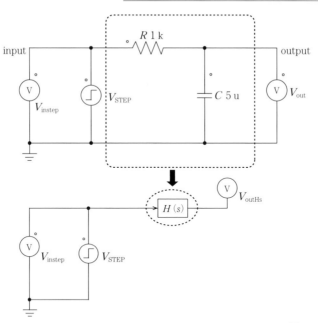

図 5.19 s 領域伝達関数ブロックを使用した PSIM 回路

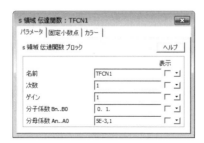

図 5.20 s 領域伝達関数ブロックの設定ウィンドウ

【伝達関数ブロック各項目の設定値】

図 5.15 の回路における入力電圧と出力電圧の関係を，伝達関数を使って表してみます。

直列に接続されている抵抗と並列に接続されているコンデンサのインピーダンスから

$$V_{\text{out}} = \frac{Z_C}{Z_R + Z_C} V_{\text{in}} \qquad (5.11)$$

抵抗のインピーダンス　　　$Z_R = R$

コンデンサのインピーダンス　　$Z_C = \dfrac{1}{sC}$

これらを式 (5.11) に代入し

$$V_{\text{out}} = \frac{\dfrac{1}{sC}}{R + \dfrac{1}{sC}} \times V_{\text{in}} \qquad (5.12)$$

伝達関数 $H(s)$ は入力電圧と出力電圧の比で定義されることから

$$H(s) = \frac{V_{\text{out}}}{V_{\text{in}}}$$

$$= \frac{\dfrac{1}{sC}}{R + \dfrac{1}{sC}}$$

$$= \frac{1}{1 + sCR} \qquad (5.13)$$

となり，s の一次式となります．

PSIM で伝達関数は多項式

$$G(s) = k \frac{B_n \cdot s_n + \cdots + B_2 \cdot s^2 + B_1 \cdot s + B_0}{A_n \cdot s_n + \cdots + A_2 \cdot s^2 + A_1 \cdot s + A_0}$$

で表されています．

式 (5.13) で求めた伝達関数

$$H(s) = \frac{1}{1 + sCR}$$

は s の一次の式となっていますので，多項式の次数 $n=1$ となり，式 (5.14) のようになります．

$$G(s) = k \frac{B_1 \cdot s + B_0}{A_1 \cdot s + A_0} \qquad (5.14)$$

この式 (5.14) に対応するようにパラメータを設定します．

5.2 ローパスフィルタと伝達関数

名　前	伝達関数ブロックの名前（任意の名前）をつけます。
次　数	ここでは伝達関数は一次ですので1を入力します。

これにより伝達関数の定義はつぎのようになります。

ゲイン	式（5.14）の k の値ですので1を入力します。
分子係数（$B_n \cdots B_0$）	分子の係数を入力します。定数1のみですので0, 1 となります。
分母係数（$A_n \cdots A_0$）	分母の係数を入力します。A_1 は 0.005（$C \times R$ の値），A_0 は1となります。

このブロックの初期値は"0"です（PSIMでは「s 領域伝達関数（初期値）」として初期値を入力できる素子も準備されています）。

この設定でシミュレーションを実行すると，図 5.21 に示す伝達関数ブロックを使用した場合の応答波形が得られます。

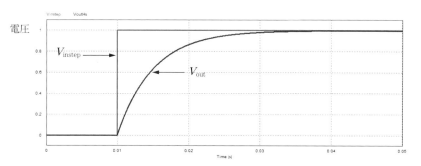

図 5.21　s 領域伝達関数を使用した場合の応答波形

以上より，一次 LPF として RC 回路とした場合と伝達関数を使用した場合において同じステップ応答波形となることが確認できます。

ステップ電圧 V_{in} を入力すると LPF により V_{out} の波形となります。この結果から図 5.22 のような関係になります。

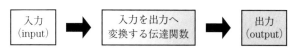

図 5.22　LPF 回路における入出力の関係

5.3 インバータの動作

インバータとは，直流の電気を交流に変換する電力変換装置のことをいいます。

インバータの動作を理解するために図 5.23 のように，抵抗負荷 R に $E=V(v)$ の電圧をかけたときのスイッチ SW 1 〜 SW 4 のオン・オフを考えてみましょう。図 5.24 にあるスイッチオン・オフ時の回路および出力波形を見てください。SW 1 と SW 4，SW 2 と SW 3 はつねに同時にオン・オフします。

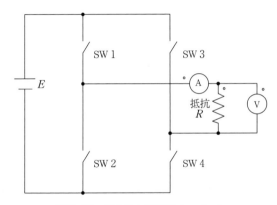

図 5.23　基本的な電圧形インバータ

この節では，電圧形インバータの基本的な動作を確認しながら方形波を出力し，さらに LC フィルタを使って正弦波に近い出力電圧を導き出します。

PSIM でインバータ回路を作成します。以下の 3 種類の負荷を接続し，スイッチのオン・オフでどのような出力波形となるかを確認してみます。

① 抵抗負荷
② 容量性負荷（抵抗と容量の直列接続）
③ 誘導性負荷（抵抗とインダクタの直列接続）

スイッチとしては，メニューバーの「素子」→「パワー」→「スイッチ」→「npn トランジスタ」を選択します。

5.3 インバータの動作

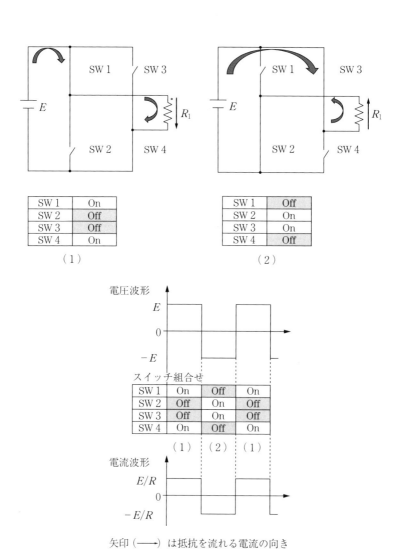

図5.24 スイッチオン・オフ時の回路および出力波形

5.3.1 抵抗負荷

抵抗負荷の場合，PSIM 回路例は**図 5.25** のようになります。

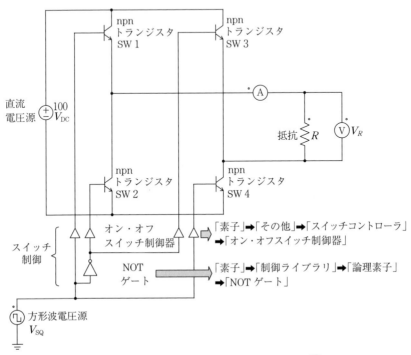

図 5.25 抵抗負荷インバータ PSIM 回路例 🔵

各素子のパラメータ設定は**図 5.26** のようになります。

（a）直流電圧源

（b）方形波電圧源

図 5.26 素子のパラメータ設定

5.3 インバータの動作

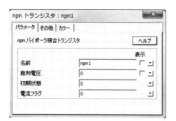
（c） npn トランジスタ
（スイッチ）

（d） 抵　抗

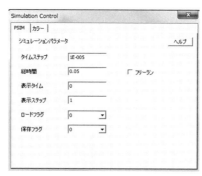
（e） シミュレーション制御

図 5.26　（つづき）

シミュレーション結果の波形は，**図 5.27** のようになります。

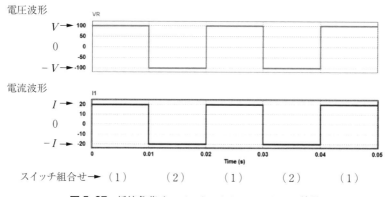

図 5.27　抵抗負荷インバータのシミュレーション結果

92   5. さまざまなアプリケーション事例

抵抗負荷の場合，図5.24で示したスイッチの切替え時点において，電圧と電流は同時に同じ方向に変化していることがシミュレーション結果からわかります。

5.3.2 容量性負荷（抵抗と容量の直列接続）

容量性負荷の場合，PSIM回路例は**図5.28**のようになります。抵抗にコンデンサを直列接続した回路を接続し，シミュレーションを実行します。

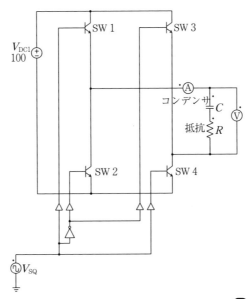

図5.28 容量性負荷インバータPSIM回路例

コンデンサのパラメータ設定は**図5.29**のようになります。

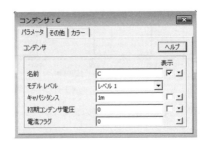

図5.29 コンデンサのパラメータ設定

5.3 インバータの動作

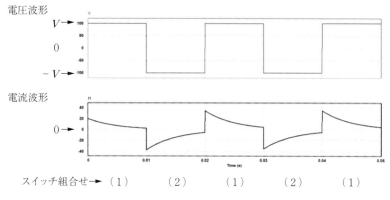

図 5.30 容量性負荷インバータ回路のシミュレーション結果

シミュレーション結果の電圧波形と電流波形は**図 5.30** のようになります。

容量性負荷の場合，抵抗のときと同様に図 5.24 で示したスイッチの切替え時点で電圧と電流が同時に同じ方向に変化していることがシミュレーション結果からわかります。

5.3.3 誘導性負荷（抵抗とインダクタの直列接続）

誘導性負荷の場合，PSIM 回路例は**図 5.31** のようになります。抵抗とインダクタを直列接続した回路を接続し，シミュレーションを実行します。

ここで，コイルはスイッチで切り替えてもすぐに逆方向の電流を流すことができないため，反対向きの電流が流れることを想定して npn トランジスタに逆並列ダイオードを接続します。

この逆並列ダイオードを接続することでスイッチ素子（ここでは npn トランジスタ）がオフのときにもエミッタ側からコレクタ側へ電流を流すことができます。誘導性負荷の場合には電流が急激に変化することができないので，このようにスイッチングデバイスがオフした瞬間も電流を流すことができる経路を作っておく必要があります。

94   5. さまざまなアプリケーション事例

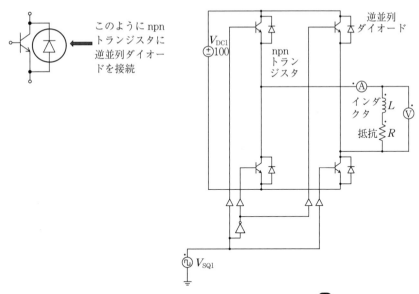

図 5.31　誘導性負荷 PSIM インバータ回路例 🅳🅻

インダクタと npn トランジスタの逆並列に使用するダイオードのパラメータ設定は，**図 5.32** のようになります。

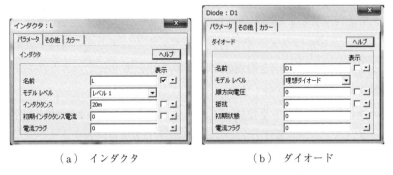

　　　（a）インダクタ　　　　　　　　　（b）ダイオード
図 5.32　インダクタとダイオードのパラメータ設定

シミュレーションを実行した結果の電圧波形と電流波形は**図 5.33** のようになります。

5.3 インバータの動作

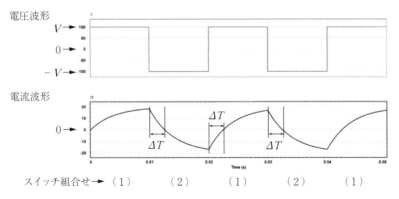

図5.33 誘導性負荷インバータ回路のシミュレーション結果

誘導性負荷の場合，図5.24で示したスイッチ切替え時点の電圧と電流の変化は，図5.33で ΔT と定義した時間内において逆向きの電流が流れていることがわかります。

【シミュレーション】

ここで電圧形インバータ回路を使って方形波を出力し，さらに LC フィルタ

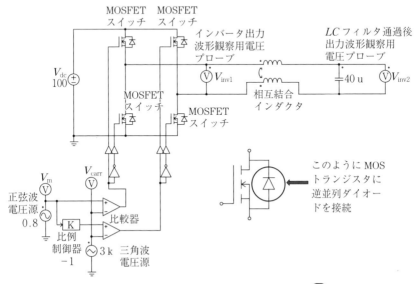

図5.34 電圧形インバータの PSIM 回路図

を使って正弦波により近い波形を出力してみます。PSIMの回路図は**図5.34**のようになります。

基準となる交流波形をキャリア波（三角波）と比較してインバータのゲート信号を生成しています。

スイッチはMOSFETを使用します。スイッチとしてMOSトランジスタを使用する場合，PSIMの素子シンボルからもわかるように逆並列ダイオードが含まれていて，ソースからドレイン側へも電流が流せるようになっています。

各素子のパラメータ設定は**図5.35**のようになります。そのほかの使用素子として「素子」➡「制御ライブラリ」の比較器があります。

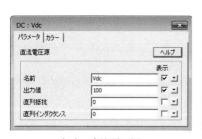
（a）直流電圧源

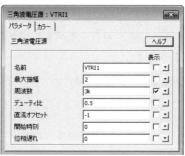
（b）三角波電圧源

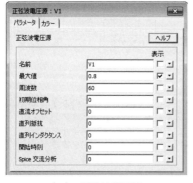
（c）正弦波電圧源

（d）MOSFET

図5.35 各素子のパラメータ設定

5.3 インバータの動作　97

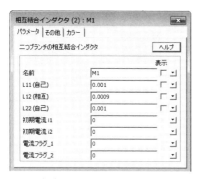

（e）相互結合インダクタ

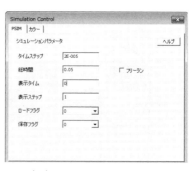

（f）コンデンサ

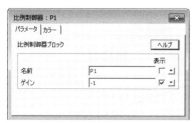

（g）比較制御ブロック

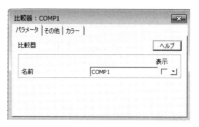

（h）シミュレーション制御

比較器のシンボル

（i）比較器

図 5.35　（つづき）

98   5. さまざまなアプリケーション事例

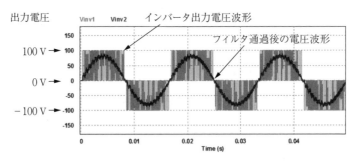

図 5.36　一相インバータ出力電圧波形

シミュレーションを実行した結果の電圧波形は図 5.36 のようになります。図 5.36 の波形の一部を拡大すると，インバータからの出力電圧波形のパルス幅に比例したフィルタ通過後の電圧波形の関係が見えてきます（図 5.37）。

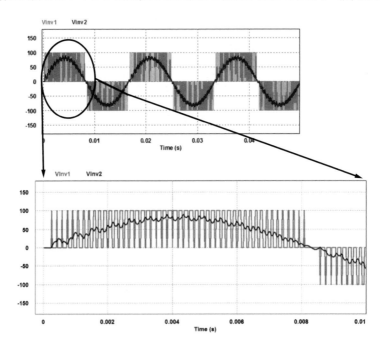

図 5.37　インバータ出力波形拡大図

このように，三角波と入力正弦波の比較演算でパルス幅を変えることにより，パルス幅の大きいところが高い電圧となり，パルス幅の小さいところが低い電圧となります。これにより，入力正弦波を再現できていることがわかります。このようなパルス幅による波形生成を PWM（パルス幅変調）といいます。

PWM は，CPU などのカウンタ処理によってパルス幅を制御できるため，ディジタル処理と相性がよく，近年さまざまなシステムの制御手法として使われています。

5.4　モータドライブ

近年，モータは家電製品や自動車をはじめ，鉄道，ロボット，工作機械など，われわれの身の回りでたくさん使用されています。電力需要のうち約 6 割がモータで消費されているといわれるほど，モータを駆動するために多くのエネルギーを使用しています。したがって，モータを効率よく駆動することが，エネルギー問題の解決にかかせません。

モータは電気エネルギーを運動エネルギー（回転エネルギー）に変換するため，モータに電気を供給する電源が必要となります。電源は直流の場合と交流の場合がありますが，交流を用いたインバータでモータを駆動することにより，モータの回転速度やトルクを簡単に制御する，効率よくモータを回転させるといったことが可能となります。

この節では電圧形インバータを使い，PWM 制御を用いた誘導モータを駆動するシミュレーションを実行し，結果の波形を見てみます。

PSIM では，オプションモジュールとしてモータ駆動モジュールを実装しています。このモジュールでは，各種モータ，トルクセンサ，速度センサなどのモータ駆動系に必要な素子を備えています。これらのさまざまなモータモデルと機械的負荷モデルを使用することにより，モータ駆動や制御のシミュレーション，機械的負荷を電気回路で表現することが可能となります。

表 5.1 は，このモータ駆動モジュールで使用できる素子例となります。

5. さまざまなアプリケーション事例

表 5.1 モータ駆動モジュールで使用可能な素子例

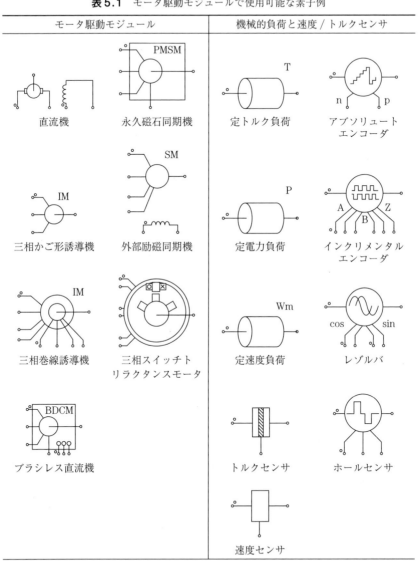

5.4 モータドライブ

【シミュレーション】

ここでは，PSIM のサンプル回路の Motor Drive のフォルダにあるファイル vsi-im.sch を使います（図 5.38）。この回路では基準となる三相正弦波電圧源 VSIN32 をキャリア波 VTRI1 と比較することで PWM を生成しインバータのゲート信号を生成します。

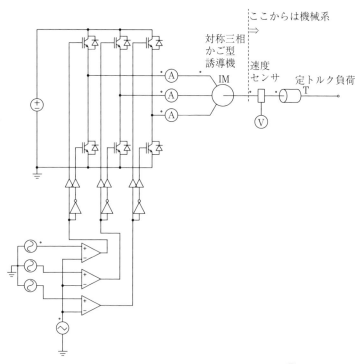

図 5.38 PSIM サンプル回路図 (vsi-im.sch) **DL**

対称三相かご型誘導機を使い，速度センサで回転速度を，定トルク負荷によりトルクをシミュレーションします。対称三相かご型誘導機は対称タイプの線形モデルであり，すべてのパラメータは固定子側に換算した値を使用します。モータ駆動システムでは，機械系の方程式の作成のために位置に関する基準表記が必要となります。パラメータにあるマスタ（1）/スレーブ（0）モードのフラグにより，機械系の基準方向を定義します。

102　5．さまざまなアプリケーション事例

各素子のパラメータ設定は**図 5.39**のようになります。

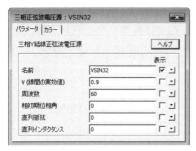

（a）三相正弦波電圧源

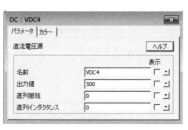

（b）直流電圧源

（c）三角波電圧源　　　　　　（d）絶縁ゲートバイポーラ
　　　　　　　　　　　　　　　　　　トランジスタ（IGBT）

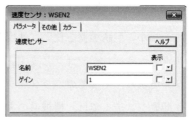

（e）対称三相かご型誘導機　　　（f）速度センサ

図 5.39　各素子のパラメータ設定

（g）定トルク負荷

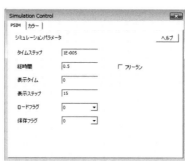
（h）シミュレーション制御

図 5.39 （つづき）

PSIMでシミュレーションを実行した結果の波形は**図 5.40**のようになります。モータの運転中は I_{sa}（上），I_{sb}（中），I_{sc}（下）の正弦波電流が観測されます。おのおのの電流波形は**図 5.41**のようになります。加速時にトルクが発生して電流が大きくなりますが，速度が定常状態に近づくにしたがって小さくなることがわかります。

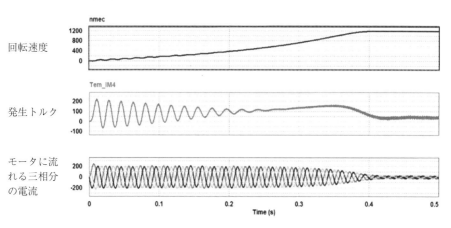

図 5.40 シミュレーションの実行結果

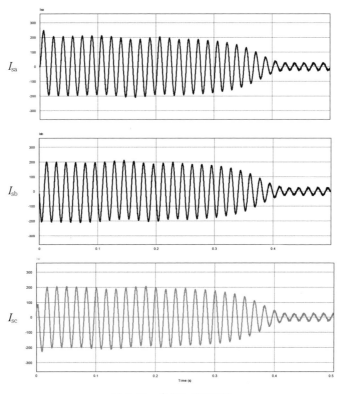

図 5.41　各相の電流波形

5.5　太陽電池からバッテリへの充電

　PSIM では，再生可能エネルギーモジュールの一つとして太陽電池モデルが用意されています。この節では太陽電池モデルを使用し，太陽電池からバッテリに充電する様子をシミュレーションしてみます（**図 5.42**）。

　太陽電池は電池ではありますが，乾電池のような定電圧源ではありません。また，理想的な定電流源でもありません。負荷によって出力電圧と出力電流が変化する電源として扱います。

5.5 太陽電池からバッテリへの充電

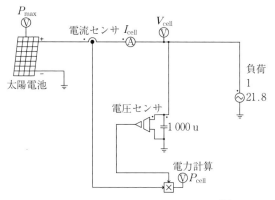

図 5.42 太陽電池単体の測定回路 🅳🅻

【シミュレーション】

最初に太陽電池モデルを使用し，太陽電池単体の特性をシミュレーションしてみます。

PSIM では複数の太陽電池モデルが準備されていますが，ここでは最も簡単な「機能論的モデル（functional model）」を使います。設定パラメータは**図 5.43**のようになります。

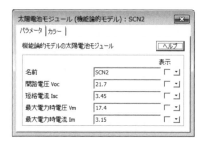

図 5.43 太陽電池のパラメータ設定

太陽電池の特性を見るために，負荷としては電圧源を用います。時間的に線形に変化させるため，三角波電圧源を採用します。また，太陽電池の出力電圧を V_{cell}，出力電流を I_{cell} とし，$V_{cell} \times I_{cell}$ を P_{cell} として電力計算させます。シ

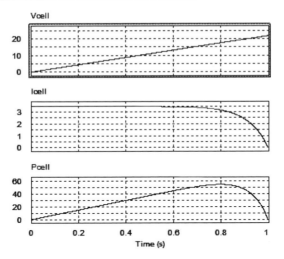

図5.44　太陽電池単体の特性（横軸：時間）

ミュレーション結果は図5.44のとおりです。

　この結果からわかるように，太陽電池には出力電力が最大となる動作点が存在します。つまり，太陽電池の出力電力 $V_{cell} \times I_{cell} = P_{cell}$ が最大となる最適な動作点があるということです。

　図5.44のグラフでは約0.8秒のところに最適な動作点があります。このときの V_{cell} の値が「最大電力時電圧 V_m」の設定値17.4Vとなっていることを確認してください。

　わかりやすくするために，横軸を時間ではなく V_{cell} にしてみましょう。SimViewのメニューで「軸」→「X軸変数を選択」→「V_{cell}」を選択し，「OK」をクリックします。

　出力電圧 V_{cell} が低いうちは電流 I_{cell} が最大値3.45Aで一定ですが，$V_{cell}=$ 15Vあたりから I_{cell} が減ってくることがわかります。したがって，出力電力 P_{out} はあるピークをもっており，その値が最大電力（約55W）となっています（図5.45のグラフの●）。また，そのときの V_{cell} の値が「最大電力時電圧 V_m」の設定値17.4V，I_{cell} の値が「最大電力時電流 I_m」の設定値3.15Aになっていることがわかります。

5.5 太陽電池からバッテリへの充電　107

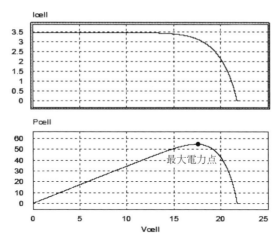

図 5.45　太陽電池単体の特性（横軸：V_{cell}）

このように太陽電池から電力を取り出すには最適な負荷側の電圧が存在することになります。

つぎに，太陽電池にバッテリを接続します。PSIM の回路は**図 5.46** のようになります（間に逆流防止ダイオードがありますが，シミュレーション結果には影響ありません）。バッテリは 6 V の直流電圧源とコンデンサでモデリングしています。また，8 V を超えないようにダイオードでクランプしています。このバッテリを初期電圧 6 V から太陽電池を使って充電します。

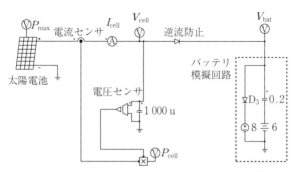

図 5.46　太陽電池とバッテリの直接接続回路

太陽電池のパラメータ設定は図 5.43 と同じです。シミュレーション結果は図 **5.47** のようになります。

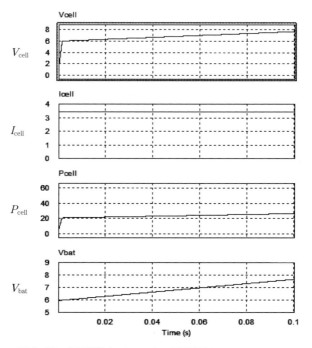

図 5.47 太陽電池とバッテリの直接接続シミュレーション

バッテリ電圧 V_{bat} は 6 V から充電にともなって上がっており，バッテリが充電されていることがわかります。太陽電池の出力電流 I_{cell} は最大値である 3.45 A ですが，出力電圧 V_{cell} は 8 V 以下となっており，出力電力 P_{out} は 30 W 以下です。先ほどの単体特性では最大 55 W の動作点が存在していたので，最適な太陽電池出力が得られているとはいえません。0.1 秒が経過した後でもバッテリ電圧が 8 V に達していません。もっと早く充電するためには，最適な動作点で太陽電池を動作させる必要があります。

そこで，太陽電池とバッテリの間に充電回路を入れて賢く充電することを考えてみます。一般的に知られている方法として MPPT（maximum power point tracker：最大電力点追従）という方法があります。これは太陽電池の出力電

5.5 太陽電池からバッテリへの充電

力を測定し，つねに最大電力になるように動作点をキープする制御方法です。太陽電池とバッテリの間に降圧コンバータを入れます。降圧コンバータは入力電圧に対して低い電圧を出力します。いい換えると，入力電圧を高く保持したまま低い電圧（バッテリ電圧）を出力することができます。その分，より大きな電流を出力してバッテリを充電することができます。PSIMの回路は**図 5.48**のようになります。

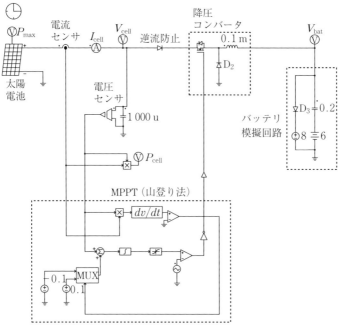

図 5.48 太陽電池からバッテリへの充電回路

少し複雑な回路ですが，充電回路は降圧コンバータ部と制御部に分かれます。降圧コンバータは，スイッチとダイオードとコイルによって構成されています。このスイッチのオン期間とオフ期間の比率により，出力電圧がコントロールされます。

制御部は MPPT によって太陽電池の出力電力が最大となるよう動作点を追従させる制御を行っています。この回路では「山登り法」という方法を使って

います。MPPTの制御方法はいろいろなものがありますが，最も一般的に用いられるのが「山登り法」です（**図5.49**）。

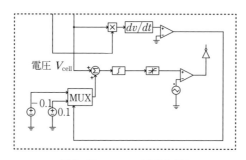

図5.49 MPPT（山登り法）

山登り法の計算方法は下記のとおりです。

Step1 電力を測定して微分します。

Step2 微分した値がゼロより大きい場合は電圧 V_{cell} を少し上げ，ゼロより小さい場合は電圧を少し下げます（この回路の場合，0.1Vずつ上げ下げします）。

Step3 計算した電圧と現在の電圧の差分をPI制御して，差分が限りなくゼロに近づくようにフィードバック制御を行います。

このように，太陽電池の出力電力がつねに最大になるように電圧をコントロールするのがMPPT制御です。これにより，太陽電池の特性を最大限に引き出し，バッテリを早く充電することができます。この回路のシミュレーション結果の**図5.50**を見てみましょう。

太陽電池の出力電圧 V_{cell} は16V付近にキープされていることがわかります。また，出力電力 P_{out} は53W付近にキープされており，ほぼ最大電力で動作しています。これによりバッテリ電圧 V_{bat} は約0.06秒で8Vまで充電されています。

5.5 太陽電池からバッテリへの充電

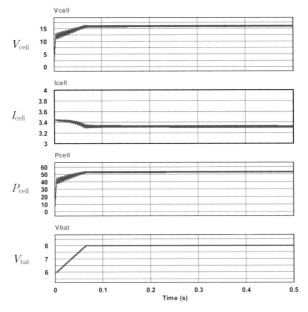

図 5.50 太陽電池とバッテリを充電回路で接続した場合のシミュレーション

太陽電池の出力電流 I_{cell} は最大値である 3.45 A からは若干低い 3.3 A 付近となっています。バッテリと直接接続したときに比べて出力電流が減っているのになぜバッテリが早く充電されたのでしょうか？

その答えは，降圧コンバータの特性にあります．降圧コンバータは高い入力電圧で低い出力電圧となりますが，その一方小さい入力電流で大きな出力電流が得られます．つまり，電力（すなわち電圧と電流の積）の入出力はほぼ一定であり，降圧コンバータの入力電流 I_{cell} よりも出力電流は大きくなります．具体的には，降圧コンバータのダイオード（図 5.48 に示す回路図の D_2）を通して電流が加算されます．コイルは電流を流し続けるという性質があるので，降圧コンバータのスイッチがオフの間は GND からダイオードを通してバッテリへ電流が流れており，その分，早くバッテリが充電されたことになります．

6 PSIM の便利な使い方

本章では，PSIM を使っていくうえで，知っておくと役に立ち，かつ簡単に使える機能について具体的な事例を用いて紹介します。

6.1 途中結果保存機能

ここでは

- ある特定の区間のみパラメータを変えてシミュレーションしたい！
- 回路規模が大きいので定常状態以降のシミュレーションだけをくり返したい！
- 途中からタイムステップを変更したい！

このような場合に使える途中結果保存機能について紹介します（**図 6.1**）。

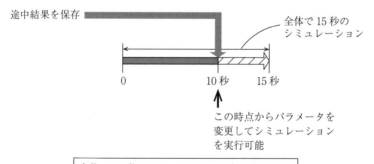

図 6.1　途中結果保存機能の概要

6.1 途中結果保存機能

途中結果保存機能の操作手順について説明します（**図6.2**）。最初に，途中でパラメータ等を変更したシミュレーションを行いたいPSIMの回路図を作成します（①）。作成した回路図にシミュレーション制御を配置し（②），シミュレーション制御のパラメータを設定します（③）。このとき，ロードフラグを0，保存フラグを1に設定します（④）。途中保存したい時間に総時間を設定し，設定を行った回路を保存します（⑤）。

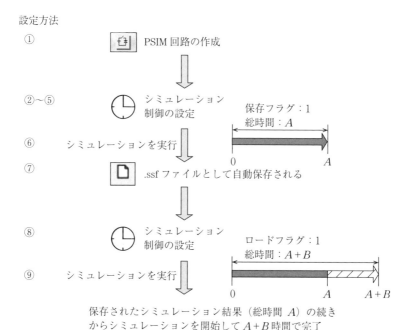

図6.2 途中保存設定の流れ

つぎに，この回路を使ってシミュレーションを実行し（⑥），実行結果が.ssfファイルとして保存されていることを確認します（⑦）。さらに，ロードフラグを1，保存フラグを0に変更し，総時間を観測したい全体の時間に変更します（⑧）。この全体の時間は，先に設定した途中保存したい時間よりも長い時間でなければなりません。この設定を使って再度シミュレーションを実行します（⑨）。

最後に，途中保存した結果（総時間Aまでの実行結果）と再度シミュレー

ションを実行した結果（総時間 A から総時間 $A + B$ までの実行結果）をマージします。

【事　例】

図 6.3 に示す簡単な正弦波電圧源の出力を，途中保存機能を使って保存し，その結果を波形イメージとともに見てみましょう。抵抗はデフォルト値の $10\,\Omega$ とします。

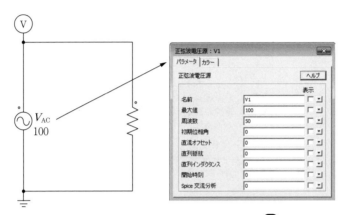

図 6.3　正弦波電圧源を用いた回路例 DL

シミュレーション制御を図 6.4（a）のように設定すると，途中保存をしない場合の結果波形は図 6.4（b）のようになります。

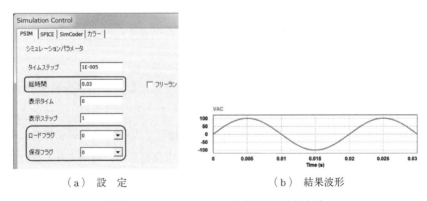

　　　　（a）設　定　　　　　　　　　（b）結果波形

図 6.4　シミュレーション設定画面と結果波形

6.1 途中結果保存機能　　115

【実行手順】

Step1　シミュレーション条件を設定するため，PSIM メニューバーの「シミュレート」➡「シミュレーション制御」を選択します（図6.5）。

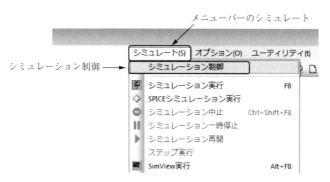

図6.5　シミュレーション制御の配置

Step2　図6.6の時計のイメージ ⏰ を回路図に配置すると Simulation Control のウィンドウが開きます。回路図に配置してある場合は時計イメージ ⏰ をダブルクリックしてウィンドウを開きます。PSIM タブを選択するとロードフラグ，保存フラグという項目があります。

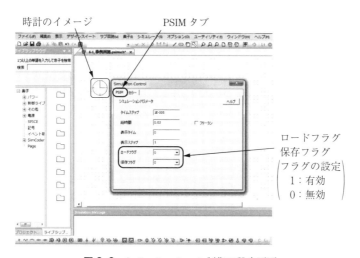

図6.6　シミュレーション制御の設定画面

116　6. PSIMの便利な使い方

Step3　途中結果保存機能を使う場合，まず初期状態を設定します（設定した総時間まで実行します）。

総時間	0.02
ロードフラグ	0
保存フラグ	1

Step4　回路を保存します。

Step5　シミュレーションを実行します。シミュレーション結果は図 6.7 の波形のようになります。

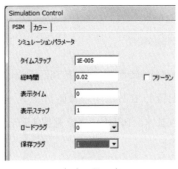

（a）設　定

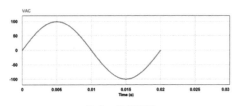

（b）結果波形

図 6.7　初期設定画面と結果波形

Step6　シミュレーションを実行後，回路を保存しているフォルダに「回路ファイル名.ssf」というファイルが保存されていることを確認してください（図 6.8）。

図 6.8　.ssf ファイル保存状態

保存フラグを1と設定することにより，初期状態におけるシミュレーションが終了した時点の数値ファイルが .ssf ファイルとして保存されました。

6.1 途中結果保存機能　　117

Step7　つぎにシミュレーション制御に初期状態から条件を下記のように変更し、シミュレーションを実行します。シミュレーション結果は**図6.9**の波形のようになります。

総時間	0.03
ロードフラグ	1
保存フラグ	0

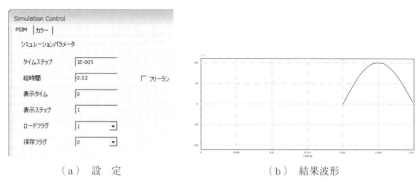

　　　　（a）設　定　　　　　　　　　　（b）結果波形

図6.9　途中保存以降の設定画面および結果波形

⚠ **注意**

① シミュレーションの総時間は保存フラグを1としたときより長く設定してください。

② 素子パラメータは変更できますが回路構成を変えることはできません。

ロードフラグを1とした場合，.ssfファイルに保存した時間から設定した総時間までを実行します。

Step8　シミュレーションを実行します。

以上の手順により，シミュレーション結果を初期条件として途中保存し，保存した結果を読み込み，その途中状態からつぎのシミュレーションを実行することができました。

図6.7と図6.9のグラフをマージすると**図6.10**のようになります。

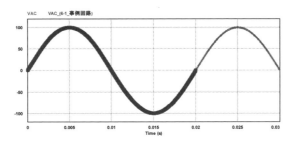

図 6.10 マージした波形（図 6.7（太線）と図 6.9（細線））

グラフのマージ方法については，3.3.2 項「波形データファイルのマージ機能」を参照してください。

6.2　スクリプト機能[†]

スクリプト機能とは，簡易的なプログラム言語を使い，処理を記述する機能です。PSIM のスクリプト機能では，スクリプトツールを使い，計算やシミュレーションの実行，グラフの表示などを行うことができます。スクリプト機能としては，演算，制御，配列，文字列，複素数，グラフ化（ボード線図を含む）をサポートしています。ここでは，スクリプト機能を使ってシミュレーションを実行し，その結果を確認します。

デモ版 PSIM でサポートしているスクリプト機能には制限がありますので，この節ではトライアル版 PSIM をダウンロードする必要があります。トライアル版 PSIM のダウンロード方法は，2.3 節を参照してください。

【事　例】

最初に PSIM で正弦波電圧源，三角波電圧源を使って**図 6.11** の回路を作成します。

おのおのの電源のパラメータ設定は**図 6.12** のようになります。

[†] トライアル版 PSIM を使用してください。

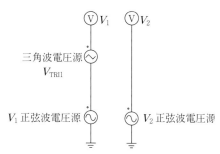

図 6.11 PSIM サンプル回路図 🔵

（a） 三角波電圧源（V_{TRI1}）

（b） 正弦波電圧源（V_1）　　　（c） 正弦波電圧源（V_2）

図 6.12 電圧源のパラメータ設定

6. PSIMの便利な使い方

シミュレーション制御は，スクリプト機能で6.1節の途中結果保存機能を使ってシミュレーションを実行してみます。スクリプトに記載する内容はつぎのようになります。

- シミュレーションする PSIM ファイルのパスとファイル名を定義します。
  ↓
- 結果の SimView ファイルのパスとファイル名を定義します。
  ↓
- シミュレーション制御内容を設定します。
  ↓
- シミュレーションを実行します。

【実行手順】

PSIM を起動します。図 6.13 のようにメニューバーの「ユーティリティ」➡「スクリプトツール」をクリックすると図 6.14 のスクリプトの編集画面が開かれます。

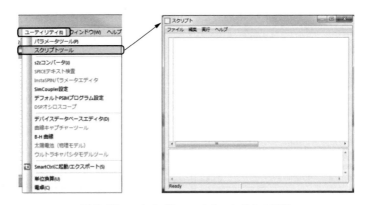

図 6.13　スクリプトツールウィンドウの起動

6.2 スクリプト機能 121

図6.14 スクリプトファイルを開く

つぎに，メニューバーの「ファイル」➡「ファイルを開く (o)」をクリックして *.script ファイルを開きます。

PSIM では多数のサンプルファイルが準備されていますので，スクリプトの記述方法についてはサンプルファイルを参照してください。

【サンプルファイル保存場所】
　C:¥Powersim¥PSIM11.x.x_Demo¥examples ¥Script

途中結果保存機能の例（本例はサンプルフォルダにありません）を使用してスクリプトについて説明します。

スクリプトファイルを開いたら「構文検査」と「スクリプト実行」を順番に実行すると（**図6.15**），シミュレーション結果が表示されます（**図6.16**）。

6. PSIMの便利な使い方

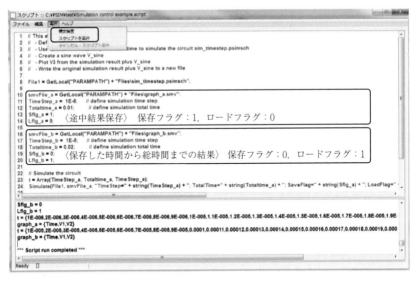

図6.15 スクリプトのテキスト例

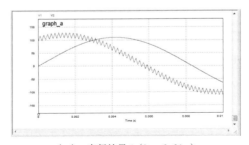

（a）実行結果1（0〜0.01 s）

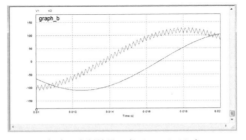

（b）実行結果2（0.01〜0.02 s）

図6.16 シミュレーション結果

6.3 データシートキャプチャ機能   *123*

結果については SimView を使ってグラフをマージし,マージしたグラフの境目を拡大してみて最初の保存部分とそれ以降で設定したタイムステップが設定通りに変化していることを確認しましょう。

6.3　データシートキャプチャ機能[†]

本節では,特性をキャプチャして画像上でプロットして入力する方法,データシートキャプチャの使い方について説明します。データシートキャプチャを使用することで必要な波形を精度よく取り込むことができます。

なお,デモ版 PSIM ではデータシートキャプチャをサポートしていませんので,本節ではトライアル版 PSIM を使用してください。

【事　例】

本事例では,SEMiX151GD066HDs(Semikron)のデータシートを使用しています。

【実行手順】

メニューバーの「ユーティリティ」➡「曲線キャプチャツール」を選択します(図 6.17)。

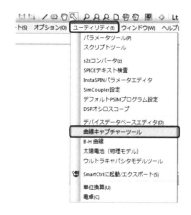

図 6.17　曲線キャプチャツールの選択画面

[†]　トライアル版 PSIM を使用してください。

124   6. PSIMの便利な使い方

「曲線キャプチャツール」を選択すると図6.18（a）の初期画面が出ますので，左上のグラフウィザードの右向き矢印をクリックして図6.18（b）のキャプチャ画面にします。

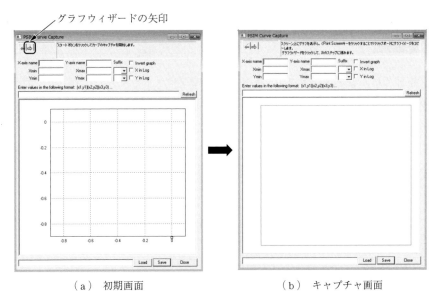

（a） 初期画面　　　　　　　　　　（b） キャプチャ画面

図6.18　初期画面とキャプチャ画面

データシート上の読み込みたい特性をキャプチャか画像のコピーでクリップボード上に貼り付けます。

つぎに，グラフウィザードをクリックしてつぎのステップへ進めると，グラフが表示されます。その際，必要なグラフ（枠内）が完全にウィンドウ内に表示されるようマウス左ボタンでドラッグし，グラフウィンドウにグラフイメージを適切に配置します（図6.19）。適切に配置できたらグラフウィザードをクリックし，つぎのステップに進めます。

6.3 データシートキャプチャ機能

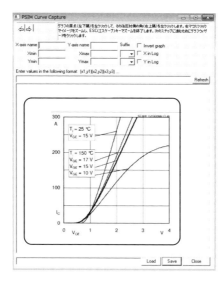

図6.19 グラフ画像取り込み後のウィンドウ

グラフの原点と，原点の対角の角をクリックします（右クリックするとクリックした周辺が**図6.20**のようにズームアップされます）。

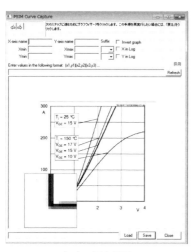 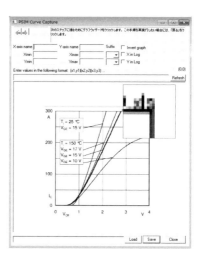

(a) 原点部分　　　　　　　　(b) 対角部分

図6.20 原点と対角部分のズームアップ画面

126　6. PSIMの便利な使い方

クリックするとグラフが線の枠で囲まれますので，囲まれたらグラフウィザードを押し，つぎのステップに進めます（**図 6.21**）。

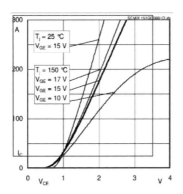

図 6.21　グラフ範囲設定後画面

X0（Xmin），Y0（Ymin），Xmax，Ymax の値を入力します。入力した値がグラフ上に青字で表示されますので，軸の目盛りが正しく表示されていることを確認します（**図 6.22**）。

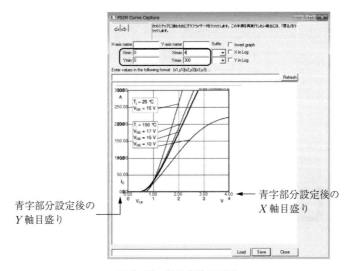

図 6.22　軸設定後の画面

6.3 データシートキャプチャ機能

軸の目盛りが正しいことを確認したら，データポイントをプロットします。グラフの線に沿って右クリックでズームアップし，データポイントをクリックして，データをプロットします。プロットした点は，赤線で表示されます。プロットが終了したら，左上のグラフウィザードの右向き矢印をクリックします（**図 6.23**）。

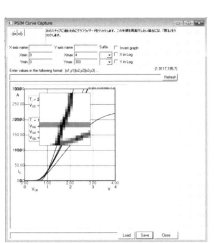

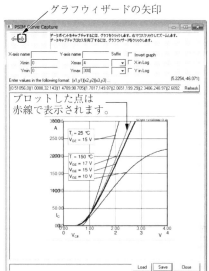

　　（a）　曲線入力画面　　　　　　　　（b）　プロット終了後画面

図 6.23　曲線入力（曲線ズームアップ部分）画面およびプロット終了後画面

クリックしたデータポイントがプロットされ，特性が表示されます。グラフウィザードの右向き矢印をクリックすると，特性の読込みが完了します。Save（保存）を押し，データをテキストファイルで保存します。これで特性の読込みは完了です（**図 6.24**）。

6. PSIM の便利な使い方

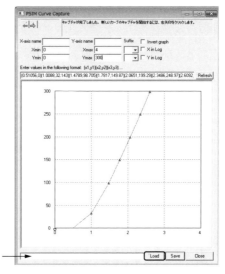

ここに
「ファイル名 .txt」を
入力します。

図 6.24　特性読み込み後のグラフ

6.4　便利なカスタマイズ

　本節では，ツールバーのカスタマイズ，キーボードのカスタマイズ（ショートカットキーの登録），素子パラメータのデフォルト値の設定，カスタマイズ設定を別のパソコンでも使用するなど PSIM でカスタマイズできる設定について説明します。カスタマイズすることにより，さらに効率よく PSIM を使うことができます。

6.4.1　ツールバーのカスタマイズ

　AND ゲートを例として「ユーザ定義ツールバー」機能で新規にボタンを作成する方法を説明します。「オプション」→「ユーザ定義のキーボード / ツールバー」を選択します（図 6.25）。

6.4 便利なカスタマイズ　　129

図 6.25　設定メニュー

Customize 画面が開くので,「ユーザ定義ツールバー」のタブを選択します。**図 6.26** の画面が表示されますので,「新ツールバー」を選択します。

図 6.26　Customize 画面

新ツールバーを選択すると,**図 6.27** のユーザ定義ツールバーの画面が開きます。画面上部の「ツールバー名」の欄にツールバーの名前を入力します（ツールバー名は半角英字を推奨します）。

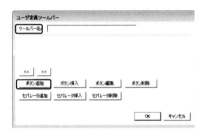

図 6.27　ユーザ定義ツールバー画面

130   6. PSIMの便利な使い方

「ボタン追加」をクリックすると**図6.28**の画面が開きます。この画面でツールバーに表示させるボタンを作成します。

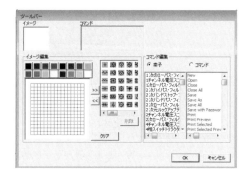

図6.28　ツールバー設定画面

例えば，抵抗を追加してみます。**図6.29**（a）に示すようなイメージ編集にあるドット絵や図6.29（b）に示すようなPSIM既存画像を利用できます。動作については，コマンド編集で「素子」か「コマンド」から選択できます。

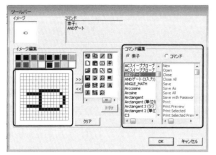 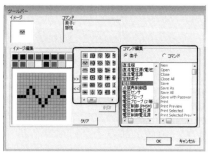

（a）ドット絵を使用した場合　　　　（b）PSIM既存画像を利用した場合

図6.29　ツールバーのイメージ編集画面

表示させたいボタンのすべての登録が完了したら，「OK」を押します。Custom Toolbars画面に作成したToolbarの名前が表示されますので，その左側のチェックボックスにチェックを入れて「OK」を押します。作成したイメージがメニューに表示されます（**図6.30**）。

6.4 便利なカスタマイズ　　131

図 6.30　最終登録画面

6.4.2　キーボードのカスタマイズ

抵抗をキーボードの「A」キーで選択するカスタマイズ例について説明します。メニューバーから「オプション」➡「ユーザ定義キーボード / ツールバー」を選択します。キーボードのカスタマイズのタブを開くと**図 6.31** の画面が開きます。

図 6.31 では抵抗を "A" というキーに設定する例を示しています。「素子」から「抵抗」を選択し，「新しいショートカットキーを押す」に新しく設定したいキー "A" を入力します。

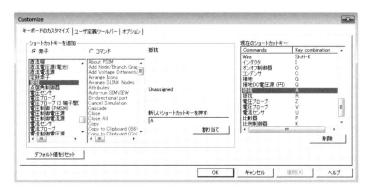

図 6.31　キーボードカスタマイズの設定画面

すでに設定されているキーを選択すると，"This key is assigned to …" が表示されて設定することができません．設定可能なキーを選択した場合には，"Unassigned" が表示されますので，割り当てをクリックします．右の「現在のショートカットキー」に設定したキーが追加されたことを確認してください．「OK」を押して終了となります．

Wire や Voltage Probe などを設定しておくと，PSIM 回路作成や検証時に便利です．

6.4.3　素子パラメータのデフォルト値の設定

例えば PSIM 回路で抵抗を使用する場合，初期設定されているデフォルト値以外の値を使用したい場合に役立ちます．素子属性の抵抗値の右にある矢印をクリックし，「デフォルト値として設定」を選択してください．ファイルを保存すれば，このデフォルト値の設定は維持されます（**図 6.32**）．

図 6.32　抵抗のデフォルト値設定画面

6.4.4　カスタマイズ設定の別パソコンでの使用

PSIM では，これまで紹介してきた「素子パラメータのデフォルト値」，「ショートカットキー」，「素子ツールバー」の設定を *.psimsetting というファイルに書き出すことができます．このファイルを別のパソコンで読み込むことにより，カスタマイズ設定を別のパソコンでも使用することができます（64 bit 版と 32 bit 版の間でも受け渡し可能です）．

6.4 便利なカスタマイズ

以下の手順にしたがって操作してください。

〔1〕 ***.psimsetting ファイルの書込み**

メニューバーの「オプション」➡「ユーザ定義設定を保存」を選択します。

Step1 「素子パラメータのデフォルト値」,「ショートカットキー」,「素子ツールバー」の中から,どの設定を書き込むかを選択します。すべて選択しても書き込まれるファイルは一つです。

Step2 *.psimsetting ファイルのファイル名を入力して保存場所を選択すれば,書込みは完了です(図 6.33)。

図 6.33 *.psimsetting ファイルの書込みの操作

〔2〕 ***.psimsetting ファイルの読込み**

メニューバーの「オプション」➡「ユーザ定義設定を読み込み」を選択します(図 6.34)。

図 6.34 *.psimsetting ファイルの読込みの操作

Step1 読み込みたい *.psimsetting ファイルを選択します。

Step2 「素子パラメータのデフォルト値」,「ショートカットキー」,「素子ツールバー」の中からどの設定を読み込むかを選択したら読込みは完了です。

6.5 制御をC言語で書く[†]

本節では,Cブロックの使用方法について説明します。

Cブロック (C Block) では,ユーザが作成したCコードを直接入力することができます。CブロックのCコードは,シミュレーション実行時にPSIM内蔵のCインタプリタによって解釈され実行されます。

デモ版 PSIM ではCブロックがサポートされていませんので,本節ではトライアル版 PSIM を使用します。

6.5.1 Cブロックの使い方

メニューバーの「素子」→「その他」→「その他関数ブロック」→「C

図 6.35　Cブロックの設定画面

[†] トライアル版 PSIM を使用してください。

Block（Cブロック）」をクリックしてCブロックを選択します。回路図上に置き，ダブルクリックするとCブロックの設定画面が表示されます（**図6.35**）。

Step1 入力と出力のポートの数を入力

「入/出力ポート数」にCブロックに入力するポート数と出力するポート数を入力します。入力した数だけポートが設定されます。例えば，入力ポート数が2，出力ポート数が3の場合，**図6.36**のような設定となります。

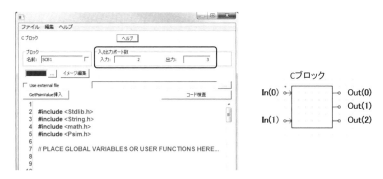

図6.36　Cブロックのポート設定

Cコードの中では，入力と出力は配列で扱います。入力ポート数が2の場合には in[0]，in[1]，出力ポート数が3の場合には out[0]，out[1]，out[2] となります。出力はオープンのままでもシミュレーションを実行できますが，入力はオープンのままシミュレーションを実行することはできません。

Step2 Cコードを入力する

デフォルトでエディタエリアには下記のテキストが入力されています。

```
#
#include <Stdlib.h>
#include <String.h>
#include <math.h>
#include <Psim.h>

// PLACE GLOBAL VARIABLES OR USER FUNCTIONS HERE...     ← ①
```

6. PSIM の便利な使い方

```
/////////////////////////////////////////////////////////////////
// FUNCTION: SimulationStep
//   This function runs at every time step.
//double t: (read only) time
//double delt: (read only) time step as in Simulation control
//double *in: (read only) zero based array of input values. in[0]
is the first node, in[1] second input...
//double *out: (write only) zero based array of output values.
out[0] is the first node, out[1] second output...
//int *pnError: (write only)  assign  *pnError = 1; if there is an
error and set the error message in szErrorMsg
//    strcpy(szErrorMsg, "Error message here...");
// DO NOT CHANGE THE NAME OR PARAMETERS OF THIS FUNCTION
void SimulationStep(
      double t, double delt, double *in, double *out,
        int *pnError, char * szErrorMsg,
        void ** reserved_UserData, int reserved_ThreadIndex, void *
reserved_AppPtr)
{
// ENTER YOUR CODE HERE...     ← ②




}


/////////////////////////////////////////////////////////////////
// FUNCTION: SimulationBegin
//   Initialization function. This function runs once at the
beginning of simulation
//   For parameter sweep or AC sweep simulation, this function runs
at the beginning of each simulation cycle.
//   Use this function to initialize static or global variables.
//const char *szId: (read only) Name of the C-block
//int nInputCount: (read only) Number of input nodes
//int nOutputCount: (read only) Number of output nodes
//int nParameterCount: (read only) Number of parameters is always
zero for C-Blocks. Ignore nParameterCount and pszParameters
//int *pnError: (write only)  assign  *pnError = 1; if there is an
error and set the error message in szErrorMsg
//    strcpy(szErrorMsg, "Error message here...");
// DO NOT CHANGE THE NAME OR PARAMETERS OF THIS FUNCTION
void SimulationBegin(
```

```
        const char *szId, int nInputCount, int nOutputCount,
        int nParameterCount, const char ** pszParameters,
        int *pnError, char * szErrorMsg,
        void ** reserved_UserData, int reserved_ThreadIndex, void * reserved_AppPtr)
{
// ENTER INITIALIZATION CODE HERE...    ← ③




}


/////////////////////////////////////////////////////////////////////
// FUNCTION: SimulationEnd    ← ④
//   Termination function. This function runs once at the end of simulation
//   For parameter sweep or AC sweep simulation, this function runs at the end of each simulation cycle.
//   Use this function to de-allocate any allocated memory or to save the result of simulation in an alternate file.
// Ignore all parameters for C-block
// DO NOT CHANGE THE NAME OR PARAMETERS OF THIS FUNCTION
void SimulationEnd(const char *szId, void ** reserved_UserData, int reserved_ThreadIndex, void * reserved_AppPtr)
{




}
```

テキストに従い，Cコードを書き込んでいきます。Cブロック内のCコードは四つのセクションに分かれています。

① グローバル変数/ユーザ関数定義

「// PLACE GLOBAL VARIABLES OR USER FUNCTIONS HERE...」以降に，グローバル変数やユーザ定義の関数を記述します。

② タイムステップごとに呼ばれる関数（SimulationStep）

138   6. PSIMの便利な使い方

「// ENTER YOUR CODE HERE...」以降に，シミュレーションステップごとに呼び出す関数を記述します。

③ 初期化の関数（SimulationBegin）

「// ENTER INITIALIZATION CODE HERE...」以降に，初期化のためにシミュレーションの最初に1度だけ（パラメータスイープ，ACスイープシミュレーションでは各シミュレーションサイクルの開始時）呼び出す関数を記述します。スタティック変数やグローバル変数を初期化するときに使用します。

④ 終了時の関数（SimulationEnd）

シミュレーションの最後に1度だけ（パラメータスイープ，ACスイープシミュレーションでは各シミュレーションサイクルの終了時）呼び出す関数を記述します。任意の割り当てられたメモリを解除したり，別のファイルにシミュレーションの結果を保存したりするときに，この関数を使用します。

Step3 Cコードのチェック

Cコードを入力した後，Cブロックの「コード検査（Check Code）」をク

表6.1 Cブロックのセクション

有効なセクション	変数の説明	変数名
SimulationStep	Cブロックの入力値	上から一つ目のノードは in[0] 二つ目のノードは in[1]
	Cブロックの出力値	上から一つ目のノードは out[0] 二つ目のノードは out[1]
	シミュレーションの時間	t
	タイムステップ	delt
	エラーフラグ	pnError
	エラーになったときのメッセージ	szErrorMsg
SimulationBegin	Cブロックの名前	szId
	入力ポートの数	nInputCount
	出力ポートの数	nOutputCount
	エラーフラグ	pnError
	エラーになったときのメッセージ	szErrorMsg
SimulationEnd	Cブロックの名前	szId

6.5 制御をC言語で書く

リックすると,「コンパイル成功」のメッセージが表示されます。

Step4 PSIMで定義されている変数について

PSIMのシミュレーションでは,変数は**表6.1**のように定義されます。セクションごとに定義されているため,セクションごとに使用できる変数が変わります。

Step5 ヘッダーファイルの読込み

ヘッダーファイルを読み込む場合,PSIMメニューバー「オプション」➡「パス設定」を開き,「Cブロックインクルードパス」にヘッダーファイルを保存しているフォルダを設定します。

6.5.2 シミュレーション回路

Cブロックを使用した回路を作成します。**図6.37**にサンプル回路を示します。このサンプル回路は,Cブロックに入力した値の実効値を算出して出力します。

【ファイル保存場所】 C:¥Powersim¥PSIM11.x.x_Demo¥examples¥C Block
【ファイル名】 test C Block rms.sch

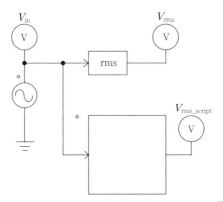

図6.37 サンプルのシミュレーション回路 **DL**

6. PSIMの便利な使い方

図 6.38 サンプル回路の C ブロック画面

C ブロックの表示画面を**図 6.38**に示します。

入力と出力は一つずつなので,「入出力ポート数」には入力と出力に 1 を設定します。また,入力する C コードをつぎに示します。

```
#include <Stdlib.h>
#include <String.h>
#include <math.h>




//////////////////////////////////////////////////////////////////
// FUNCTION: SimulationStep
//    This function runs at every time step.
//double t: (read only) time
//double delt: (read only) time step as in Simulation control
//double *in: (read only) zero based array of input values. in[0]
is the first node, in[1] second input...
//double *out: (write only) zero based array of output values.
out[0] is the first node, out[1] second output...
//int *pnError: (write only)   assign  *pnError = 1;  if there is an
error and set the error message in szErrorMsg
//     strcpy(szErrorMsg, "Error message here...");
// DO NOT CHANGE THE NAME OR PARAMETERS OF THIS FUNCTION
void SimulationStep(
```

6.5 制御をC言語で書く

```c
      double t, double delt, double *in, double *out,
       int *pnError, char * szErrorMsg,
       void ** reserved_UserData, int reserved_ThreadIndex, void *
reserved_AppPtr)
{
   static double nsum=0., sum=0., rms;
   double Tperiod;

   Tperiod=1./60.;

   if (t >= nsum*Tperiod)
   {
      nsum=nsum+1.;
      rms = sqrt(sum*delt/Tperiod);
      sum=0.;
   }

   out[0] = rms;
   sum=sum+in[0]*in[0];

}


////////////////////////////////////////////////////////////////
// FUNCTION: SimulationBegin
//   Initialization function. This function runs once at the
beginning of simulation
//   For parameter sweep or AC sweep simulation, this function
runs at the beginning of each simulation cycle.
//   Use this function to initialize static or global variables.
//const char *szId: (read only) Name of the C-block
//int nInputCount: (read only) Number of input nodes
//int nOutputCount: (read only) Number of output nodes
//int nParameterCount: (read only) Number of parameters is always
zero for C-Blocks.  Ignore nParameterCount and pszParameters
//int *pnError: (write only)  assign  *pnError = 1;  if there is an
error and set the error message in szErrorMsg
//    strcpy(szErrorMsg, "Error message here...");
// DO NOT CHANGE THE NAME OR PARAMETERS OF THIS FUNCTION
void SimulationBegin(
      const char *szId, int nInputCount, int nOutputCount,
       int nParameterCount, const char ** pszParameters,
       int *pnError, char * szErrorMsg,
```

6. PSIMの便利な使い方

```
      void ** reserved_UserData, int reserved_ThreadIndex, void * reserved_AppPtr)
{



// In case of error, uncomment next two lines. Set *pnError to 1 and copy Error message to szErrorMsg
  //*pnError=1;
  //strcpy(szErrorMsg, "Place Error description here.");

}
//////////////////////////////////////////////////////////////////
// FUNCTION: SimulationEnd
//    Termination function. This function runs once at the end of simulation
//    For parameter sweep or AC sweep simulation, this function runs at the end of each simulation cycle.
//    Use this function to de-allocate any allocated memory or to save the result of simulation in an alternate file.
// Ignore all parameters for C-block
// DO NOT CHANGE THE NAME OR PARAMETERS OF THIS FUNCTION
void SimulationEnd(const char *szId, void ** reserved_UserData, int reserved_ThreadIndex, void * reserved_AppPtr)
{


}


}
```

　シミュレーションステップごとに計算を行う必要があるため，「Function: Simulation Step」内の「/ENTER YOUR CODE HERE...」以下に実効値を計算する処理を記述します．関数の定義，初期化，終了の処理はありませんので，ほかのエリアに処理はありません．

　「コード検査 (Check Code)」をクリックし，コンパイル可能であることを確認します．

6.5.3 シミュレーション結果

シミュレーションを実行します。RMSブロックとCブロックの結果波形は，図6.39のようになります。

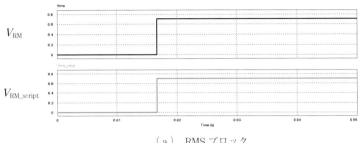

（a） RMSブロック

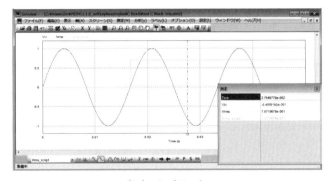

（b） Cブロック

図6.39 シミュレーション結果

RMSブロックを使って計算した結果（V_{rms}）とCブロックを使って計算した結果（V_{rms_script}）が一致していることがわかります。RMSブロックは各周期の始めのみ更新される仕様となっているため，最初の周期は rms = 0 となり，2周期目から計算されます。Cブロックも同様の動作となるように計算しています。

付録 A
ほかのツールとの連携

　PSIM は MATLAB/Simulink や JMAG などのほかのシミュレーションツールと連携することができます。これにより，実際のシステムに近いモデルを構築し，機器の性能確認やシステムレベルの動作検証を行うことができます。

　本章では応用事例を交えながら他ツールとの連携方法について説明します。

A.1　連携ができるソフトウェア一覧

　PSIM と連携可能なソフトウェア一覧を**表 A.1** に示します。

　PSIM は 1 章表 1.3 で示したとおり，JMAG や MATLAB/Simulink をはじめとしたさまざまなソフトウェアとのインタフェースを提供しており，これらのソフトウェアと連携することでパワーエレクトロニクス機器の開発フロー全般を網羅する完全なプラットフォームとして利用することができます。

　連携したいソフトウェアによってはオプションモジュールが必要となる場合もありますが，適切なオプションモジュールを使用することによって開発効率を大幅に向上することが可能となります。

表 A.1 PSIM と連携可能なソフトウェア一覧

ソフトウェア名	おもな機能 ⇒ PSIM と連携するメリット	PSIM のオプション モジュール
JMAG	電磁界解析ソフトウェア ⇒ JMAG で生成したモータモデルなどのインバータ波形入力時の応答が解析可能	MagCoupler モジュールもしくは MagCoupler-RT モジュールが必要
MATLAB SIMULINK	数値解析ソフトウェア ⇒ MATLAB/Simulink で構築した制御モデルに PSIM のパワー回路を組み込むことが可能	SimCoupler モジュールが必要
ModelSim.	ハードウェア記述言語用のシミュレーションソフトウェア ⇒ VHDL, Verilog HDL で記述したロジックを PSIM 内に組み込むことが可能	MagCoupler-VHDL モジュールもしくは ModCoupler-Verilog モジュールが必要
modeFRONTIER	多目的ロバスト設計最適化支援ツール ⇒ PSIM 回路中の複数のパラメータを連続自動計算により最適化可能	不要
EMSolution	電磁界解析ソフトウェア ⇒ EMSolution で生成したモータモデルなどのインバータ波形入力時の応答が解析可能	不要
ANSYS Maxwell	電磁界解析ソフトウェア ⇒ Maxwell で生成した id, iq-Ld, Lq のテーブルを PSIM の永久磁石同期モータモデルに反映可能	Motor Drive モジュールが必要
AutoLion1D	リチウムイオン二次電池解析ツール ⇒ AutoLion で生成したバッテリの端子間電圧や内部抵抗の SOC 依存性を PSIM のバッテリモデルに反映可能	Renewable Energy モジュールが必要

注) 各製品名およびロゴは，各社の商標または登録商標です．

A.1.1 JMAG との連携シミュレーション

MagCoupler または MagCoupler-RT は，JMAG と連携するためのオプションモジュールです．これらのオプションモジュールを使用すると，JMAG で設計したモデルを PSIM の回路内で利用して連携シミュレーションを行うことが可能となります．これにより，電磁界解析の結果も取得可能となります．また，新しい原理のモデル（多相モータ）や非線形な特性のモデル（コギングトルク

の大きなモータ）など，モータの複雑な現象の解析が可能となります。さらに，MagCoupler-DL ブロックを利用することで，より高速に解析を行うことができます（図 A.1）。

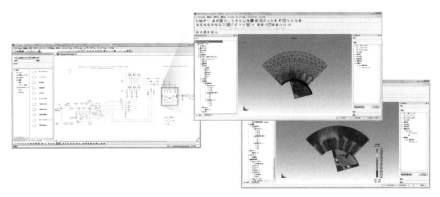

図 A.1　PSIM 回路と JMAG の連携シミュレーションイメージ

A.1.2　MATLAB/Simulink との連携シミュレーション

PSIM では，MATLAB/Simulink との連携可能な「SimCoupler」オプションモジュールが用意されております。このオプションモジュールを追加することにより，MATLAB/Simulink の制御系モデルを PSIM のパワー回路モデルで記述し，連携することが可能になります。

PSIM と MATLAB/Simulink の連携シミュレーションのメリットは，SimCoupler モジュールで PSIM のパワー回路を作成し，MATLAB/Simulink で制御部を作成し，これらを同時にシミュレーションできることです。すなわち，パワー回路と制御回路を別々に設計し，合わせてシミュレーションを行うことができるのです。また，同じ回路を用いて PSIM のみのシミュレーションの場合と，PSIM と MATLAB/Simulink を連携する場合で同じ結果を得ることができ，シミュレーション時間にほとんど差はありません（図 A.2）。

A.2 JMAGとの連携　147

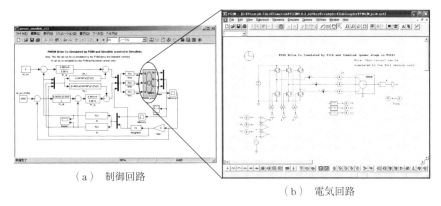

（a）制御回路

（b）電気回路

図 A.2 PSIM 回路と MATLAB/Simulink の連携シミュレーションイメージ

A.2　JMAGとの連携

　PSIM と JMAG を連携するためのオプションモジュール MagCoupler と MagCoupler-RT について説明します。

　MagCoupler と MagCoupler-RT には，**表 A.2** に示す違いがあります。

　MagCoupler では，JMAG と直接連携を行い，回路シミュレーションと電磁界解析が同時に行えます。MagCoupler-RT では，JMAG の機能群にある JMAG-RT のデータファイルとリンクすることができます。つまり，JMAG がインストールされていないパソコンでもデータファイルのみでシミュレーションが行えます。

　シミュレーション時間とモデルの精度はトレードオフの関係にあるため，状況に応じて使用するモデルを選択してください。

⚠**注意**　PSIM と JMAG の連携を行う場合，MagCoupler ブロックまたは MagCoupler-DL ブロックを使用する場合は，PSIM を管理者権限（admin mode）で起動してください。

　ここでは，MagCoupler モジュールの使い方を紹介します。

表 A.2　JMAG と連携するためのモジュール一覧表

モジュール名	MagCoupler		MagCoupler-RT
連携方法	直接連携		JMAG-RT[注]で生成したテーブルを使用したテーブル連携
使用するブロック	MagCoupler ブロック MagCoupler-DL ブロック		MagCoupler-RT ブロック
対応しているモデル	MagCoupler ブロック：制限なし	MagCoupler-DL ブロック：三相永久磁石同期モータ	三相永久磁石同期モータ リニア同期モータ 二相ステッピングモータ リニアソレノイド
解析時間	△	○	◎
モデル特性の再現	○	◎	△
JMAG の出力	○	○	△
電流入力	×	○	―

注）　JMAG-RT は JMAG の関連ソフトです。本資料では JMAG は「JMAG-Designer16.1」、PSIM は「PSIM Ver.11.1.2」を使用しています。

MagCoupler モジュールに含まれるブロックでは，JMAG から生成される以下のファイルを使用します。

- Link Table File：PSIM と JMAG との接続を定義する XML ファイル（拡張子：xml）
- JMAG Input File：JMAG 用の JCF ファイル（拡張子：jcf）

二つのファイルは同じディレクトリに置いてください。

Step1　Path を設定する

PSIM のメニューバーの「オプション」➡「パス設定」をクリックすると，「パス設定」ウィンドウが表示されます。JMAG がインストールされているディレクトリを設定します。PSIM 検索パスの「追加」をクリックして下記二つのディレクトリを追加してください。

C:¥Program Files¥JMAG-Designer16.1

C:¥Program Files¥JMAG-Designer16.1¥Solver¥mod¥mag¥ mod_PSIM64bit

Step2 MagCoupler ブロックの使い方

MagCouplerブロックは，パワー回路素子として扱われますが電流の値を持ちません．ほかの回路との連結はいずれの入力，出力においても電圧信号ですので，電流を出力するノードも電圧で出力されます．ブロックから電圧で出てくる値を電流にするには，電圧制御電流源で変換して回路に出力します．また，電流をMagCouplerブロックに入力する場合は，電流制御電圧源で電圧指令値に変換して入力します．

なお，JMAG側の回路上に電流プローブを設置する必要があります．電流プローブを設置しないと正しい連携シミュレーション結果を得ることができません（**図A.3**）．

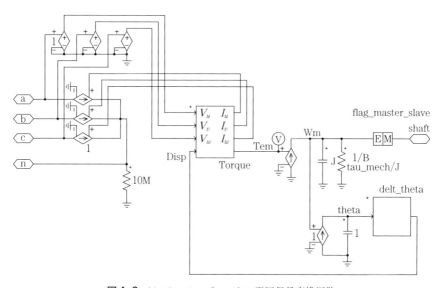

図A.3 MagCouplerブロックの電圧信号変換回路

Step3 JMAG でモデルを作成する

JMAGで作成したモデルを使用し，データの受け渡しに関係する条件や回路素子を設定につい説明します．JMAGで設定できる入出力のパラメータと必要な設定を**表A.3**に示します（詳細はJMAGのマニュアルをご参照ください）．

150   付録 A　ほかのツールとの連携

表 A.3　JMAG から MagCoupler ブロックへ受け渡しパラメータの一覧表

受け渡しデータ	JMAG のデータタイプ	必要な設定
トルク	「トルク（節点力）」または「トルク（表面力）」	なし
位置	「運動（回転）」を条件にセットする	「変位タイプ」を「変位指定（外部プログラムと連携）」に設定
電圧（入力）	「電位源」を回路に配置	「タイプ」を「外部回路シミュレータと連携する」に設定
電圧（出力）	「電位プローブ」を回路に配置	なし
電流（入力）	「電流源」を回路に配置	「タイプ」を「外部回路シミュレータと連携する」に設定
電流（出力）	「電流プローブ」を回路に配置	なし
スイッチ	「スイッチ」を回路に配置	「タイミング」を「外部回路シミュレータと連携する」に設定

　引き渡しデータの設定について，例を挙げて説明します。「位置」について JMAG の「プロジェクトマネージャ」の「条件」から「運動（回転）」をダブルクリックして設定を行います（**図 A.4**）。

　　　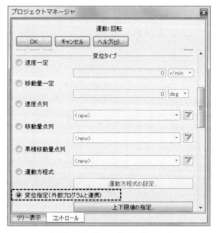

（a）　JMAG のプロジェクトマネージャ画面　　　（b）　運動・回転設定画面

「運動：回転」をダブルクリックして「変位指定（外部プログラムと連携）」をチェックする

図 A.4　JMAG の「運動（回転）」の必要設定

回路上の「電位源」、「電流源」、「スイッチ」の設定について、図 A.5 のように「プロジェクトマネージャ」➡「スタディ」を右クリックして「回路の編集…」をクリックすると、JMAG の回路編集が表示されます。

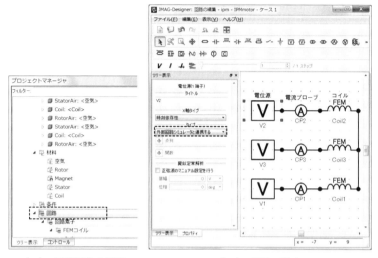

（a）回路編集の選択　　　　　　　　（b）素子の設定

図 A.5　JMAG の回路素子の必要設定

「電位源」を JMAG の回路編集上に配置して「ツリー表示」より、「電位源」のタイプを「外部回路シミュレータと連携する」に設定します。ほかの受け渡しの電流（入力）、スイッチも同じく、素子を回路に配置してから「ツリー表示」より電流のタイプ、スイッチのタイミングを「外部回路シミュレータと連携する」に設定します。

つぎに「外部回路連携1」を「ツールボックス」の「条件」から選択し、モデルにドラッグして設定します。図 A.6 に「外部回路連携1」を設定後の JMAG のプロジェクトマネージャの画像を示します。

「外部回路連携1」をダブルクリックして表示される「外部回路シミュレータ連携」画面を図 A.7 に示します。

152　付録A　ほかのツールとの連携

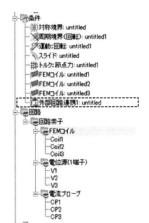

図A.6 「外部回路連携1」に設定したときのJMAGプロジェクトマネージャ

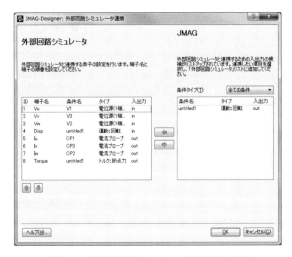

図A.7 「外部回路シミュレータ連携1」画面

　右側にJMAGがリストアップした入出力候補が表示され，左側にPSIMとデータをやり取りする入出力端子を選択します。右側のリストからPSIMとデータをやり取りする項目を選択して「　←　」をクリックして左側に追加します。

　設定が完了したら，JMAGで作成したモデルからjcfファイルを書き出しま

す。JMAG のプロジェクトマネージャのスタディを右クリックし,「jcf ファイルの書き出し」➡「メッシュデータ」を選択して jcf ファイルを生成します。jcf ファイルを生成すると同時に xml ファイルも生成されます。JMAG 側の準備は以上です。

Step4 PSIM で回路を作る

PSIM でモータモデル以外の回路を作成します。図 **A.8** にサンプル回路として用意されている「IPM_jmag.psimsch」を示します。

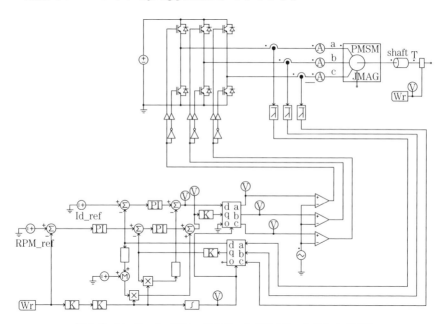

図 **A.8** MagCoupler ブロックを使った PSIM モータドライブ回路

【サンプル回路保存場所】

C:¥Powersim¥PSIM11.x.x_Demo¥examples¥MagCoupler¥3-ph PM

回路をわかりやすくするため,モータ部分はサブ回路を利用しています。サブ回路の中に MagCoupler ブロックを置き,サブ回路内で入出力に伴う変換を行います(図 **A.9**)。

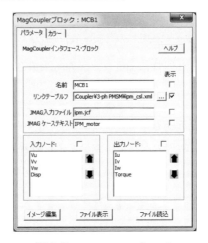

図 A.9　MagCoupler ブロック

　MagCoupler ブロックに JMAG で出力した xml ファイルを読み込みます。xml ファイルと同じディレクトリにある jcf ファイルも同時に読み込まれ，「外部回路連携 1」で設定した入出力端子が入力ノードと出力ノードに表示されます。

　MagCoupler ブロックの設定は以上です。モータはインダクタと置き換えることができ，インダクタは PSIM における電流源としてモデル化することができます。相電圧を MagCoupler ブロックの入力電圧として入力し，PSIM のシミュレーションタイムステップごとに入力電圧に基づいて JMAG でシミュレーションが行われます。JMAG で計算された電流値は MagCoupler ブロックから電圧の形で出力されるため，電圧制御電流源でインダクタに流れる電流を出力します。図 A.10 は PSIM による RLC 回路と JMAG にてインダクタをモデル化した連携回路の例です。

　MagCoupler ブロックに入力する位置の値は，MagCoupler ブロックから出力されるトルクの値を元に求めます。出力されたトルクの値を電流値に変換し，コンデンサと抵抗を並列に接続するとトルクの振動をフィルタします。回転の運動方程式

$$T = J \frac{d\omega}{dt}$$

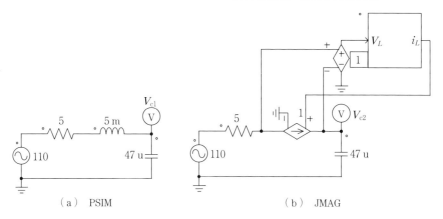

図 A.10 PSIM の RLC 回路と JMAG にてインダクタをモデル化した連携回路

から

$$\omega = \frac{1}{J} \int T\,dt$$

となり，これを

$$v = \frac{1}{C} \int i\,dt$$

と等価と考えると，トルクから回転速度が得られます．フィルタ後に機械系-電気系インタフェースで電気信号を機械系に変換してモータのシャフトとして出力します．また

$$\theta = \int \omega\,dt$$

で回転速度から位置を求め，MagCoupler ブロックに入力します（**図 A.11**）．

最後に PSIM 上の「シミュレーション制御」でシミュレーション条件を設定し，シミュレーションを実行します．PSIM で設定したタイムステップと同じタイムステップで JMAG もバックグラウンドでシミュレーションが実行されます．

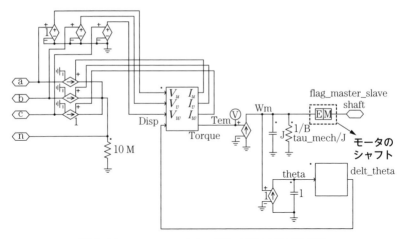

図 A.11　MagCoupler からの電気 / 機械変換回路部分

A.3　MATLAB/Simulink との連携

本節では MATLAB/Simulink と連携してシミュレーションを行うためのオプションモジュール SimCoupler および連携シミュレーション例について説明します。

A.3.1　初期設定

SimCoupler を初めて使用する場合は，MATLAB/Simulink と連携を行うための設定を行います。まず MATLAB をインストールします。MATLAB のインストールが完了したら，PSIM フォルダから「SetSimPath.exe」を実行する必要があります。または，PSIM を起動し，メニューの「ユーティリティ（Utilities）」→「SimCoupler 設定」から「SetSimPath.exe」を実行します。「SetSimPath.exe」を実行することにより MATLAB/Simulink のライブラリに「S-function SimCoupler」が追加されます（**図 A.12**）。

A.3 MATLAB/Simulink との連携

図 A.12 「S-function SimCoupler」ブロック

A.3.2 シミュレーション回路

電流フィードバック制御を持つ簡単な降圧コンバータ（chop1q_ifb_psim.psimsch）を例として使用します。PI コントローラの入力はインダクタ電流の測定値と指令値の差分で，電力回路でスイッチを制御するゲート信号を発生させるようにキャリア波形と PI 出力を比較します。

本例では，制御回路（**図 A.13** 点線内の回路）を Simulink で実行され，電気回路を PSIM で実行する構成に変更してシミュレーションを行います。

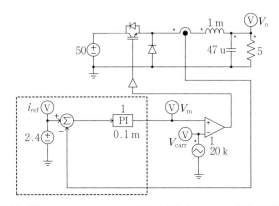

図 A.13 シミュレーション回路（点線内 Simulink 制御回路）

【ファイル保存場所】 C:¥Powersim¥PSIM11.x.x_Demo¥examples¥SimCoupler
【ファイル名】 chop1q_ifb_psim.psimsch

PSIMで回路を開き，ほかのフォルダに保存してください（例えばc:¥testというディレクトリに，別の名前「chop1q_ifb_psim.psimsch」でファイルを保存してください）。

A.3.3　Simulinkと連携するためのPSIM側の回路の編集

別名で保存した回路を編集し，Simulinkと接続する準備をします。図A.13の点線で囲った部分（電圧源，加算器，PI制御器，グランド，電圧プローブ）を削除します。

PSIMとSimulinkのインタフェースを定義するノードを追加します。「入力リンクノード」はSimulinkからの信号を受け取り，「出力リンクノード」はSimulinkへ信号を送ります。回路図上に複数の入力/出力リンクノードを配置しても問題ありません。これらはいずれも制御素子なので，PSIMの制御回路内でのみ使用可能です。

まず，「出力リンクノード」ブロックを電流センサの出力に配置します。ブロックは「素子」➡「制御ライブラリ」➡「SimCouplerモジュール」に含まれています。比較器の入力に「入力リンクノード」ブロックを配置します。

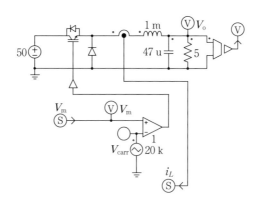

図A.14 入力/出力リンクノード配置後の回路

A.3 MATLAB/Simulink との連携

「出力リンクノード」をダブルクリックし，名前を「iL」に，「入力リンクノード」の名前を「Vm」に変更します。Simulink 側で電圧の出力を確認したい場合は，負荷抵抗に電圧センサを接続して，電圧センサ出力を「出力リンクノード」に接続します（**図 A.14**）。

二つ以上の「入力リンクノード」や「出力リンクノード」を配置した場合，リンクノードの順番を MATLAB/Simulink の SimCoupler モデルのノードの順番とそろえる必要があります。PSIM メニューバーの「シミュレート」➡「SLINK ノード」を選択するとノードの配置を設定するウィンドウが表示されます。ノードの順番を入れ替えるには選択して矢印をクリックしてください。設定が終わったら回路図を保存します。

A.3.4 MATLAB 側の操作

MATLAB/Simulink を起動し，PSIM の回路上から削除した制御回路に該当する回路を作成します（**図 A.15**）。

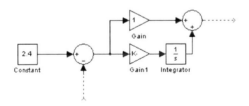

図 A.15 MATLAB/Simulink の制御回路

MATLAB/Simulink で作成した回路を PSIM と同じフォルダに保存してください。Simulink のライブラリブラウザの「S-function SimCoupler」メニューから SimCoupler ブロックを選択し，MATLAB/Simulink で作成した回路に配置します。ここで，**図 A.16**（a）の四角で囲った部分は SimCoupler ブロックです。SimCoupler ブロックをダブルクリックすると図 A.16（b）のダイアログが表示されます。

「Browse」ボタンをクリックして，PSIM で作成した「chop1q_ifb_psim.psimsch」を選択します。「Show Schematic」をクリックすると PSIM が起動

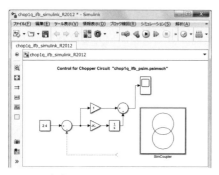

（a） SimCoupler ブロック　　　　　　　　（b） ダイアログ

図 A.16　SimCoupler ブロックのダイアログ

し，回路が表示されます（**図 A.17**）。「Apply」をクリックしてファイルを適用し，「OK」をクリックしてウィンドウを閉じます。SimCoupler ブロックのイメージは PSIM で設定した入力リンクノード／出力リンクノードの数によって変わります。

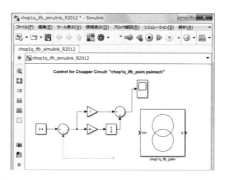

図 A.17　SimCoupler ブロックを読み込んだ回路

MATLAB/Simulink で PSIM の回路を読み込んだ後に PSIM の回路を変更した場合，「シミュレーション」 ➡ 「ブロック線図の更新」を選択するとアップデートすることができます。Simulink の回路と SimCoupler ブロックを接続し，回路を保存します。

シミュレーションの実行条件を設定します。「Simulation」 ➡ 「Configuration

Parameters」を選択します.「ソルバオプション」で「タイプ」を「固定ステップ」または「可変ステップ」に設定します.固定ステップを選択した場合は「固定ステップ(基本サンプル時間)」の値は，PSIMのタイムステップと同じか，できる限り近い値を設定します(**図A.18**).

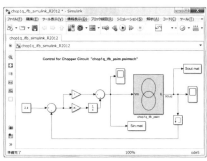

（a）設　定　　　　　　　　　　　　（b）回　路

図A.18　固定ステップの設定とその回路

Simulinkの「ソルバオプション」の「タイプ」を「可変ステップ」に設定した場合は，正しい結果を得るにはSimCouplerの入力にゼロ次ホールドを使う必要があります.さらに，ゼロ次ホールドのサンプル時間はPSIMのタイムステップと同じかできる限り近い値に設定してください.設定がすべて終わったらSimulinkのシミュレーションを実行します(**図A.19**).

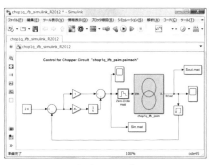

（a）設　定　　　　　　　　　　　　（b）回　路

図A.19　可変ステップの設定とその回路の設定

A.3.5 Simulinkと連携するシミュレーション例

Simulinkと連携シミュレーションして回路パラメータの波形を観測します。例としてA.3.4項で作成したチョッパ回路のバス電流と出力電圧を観測したい場合，図A.20のように「chop1q_ifb_psim.psimsch」回路の抵抗側に電圧センサを付けます。出力リンクノードを電圧センサの出力に設置して名前を「Vout」に定義してファイルを保存します。

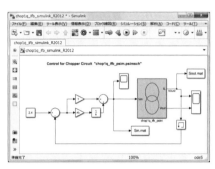
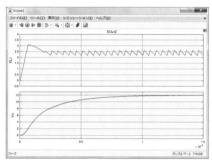

（a） Simulink上の制御モデル　　（b） SimulinkのScopeによる電流電圧波形

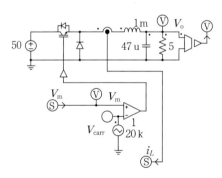
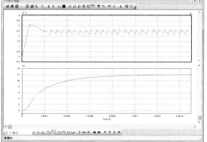

（c） PSIM上の回路モデル　　（d） PSIMのSimViewによる電流電圧波形

図A.20　Simulinkと連携するシミュレーション例

A.3.4項の手順で作成したSimulinkモデルを開いて，SimCouplerブロックをダブルクリックします。「Browse」ボタンをクリックして更新した「chop1q_ifb_psim.psimsch」を選択します。「Apply」をクリックしてPSIMの回路ファイルを適用し，「OK」をクリックしてウィンドウを閉じます。Simulinkモデル

A.3 MATLAB/Simulink との連携

が下記のように SimCoupler ブロックの出力ポート Vout を「Scope」に接続します。シミュレーションを実行した結果，それぞれのツールから波形が同じなっていることを確認できます。

A.3.6 Simulink から PSIM へのパラメータの受け渡し

パラメータの値は Simulink で設定し，PSIM に渡すことができます。例えば，PSIM の回路上でインダクタンス，コンデンサ，抵抗のそれぞれの値を変数 varL1，変数 C3_cap，変数 R_o に設定した場合，Simulink の SimCoupler にて該当変数および 数値を定義することで PSIM の回路に渡され，シミュレーションすると回路に反映されます。設定画面例は**図 A.21** のようになります。

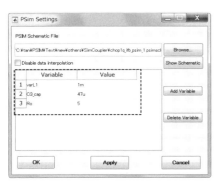
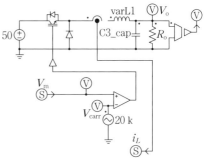

（a） Simulink における PSIM パラメータ設定画面　　（b） PSIM 回路図（設定反映後）

図 A.21 Simulink から PSIM へのパラメータの受け渡し

⚠ 注意

① SimCoupler モジュールを別の PSIM フォルダから使用する場合，あるいは MATLAB フォルダの場所が変更になっている場合は，再び PSIM フォルダから「SetSimPath.exe」を実行する必要があります。

② PSIM ネットワーク版と PSIM スタンドアロン版など，タイプやバージョンの違う PSIM を使用し，SimCoupler Module を使用する場合は，ネットワーク版を使う場合はネットワーク版フォルダから，スタンドアロン版を

使う場合はスタンドアロン版フォルダからそれぞれ「SetSimPath.exe」を実行してください。

③ 上記と同様に，MATLABのバージョンを古いバージョンから新しいバージョンに変更する際にも「SetSimPath.exe」実行して，新しいバージョンを選んでください。

④ SimCouplerブロックがフィードバックループの一部になるようなシステムではSimCouplerブロックが代数ループ（algebraic loop）の一部になってしまうことがあります。MATLAB/Simulinkのバージョンによっては代数ループが存在するシステムのシミュレーションができないことがあり，シミュレーションができる場合にもシミュレーション速度が著しく低下することがあります。代数ループを「Break」するためには，SimCouplerブロックの各出力端子に「Memory」ブロックを接続し，1積分ステップ分の時間遅れを挿入します。

⑤ SimulinkとPSIMが異なるタイムステップを持つ可能性がありますので，二つのプログラムの間で論理信号（0と1）を受け渡す場合は注意してください。

付録 B

モデルベース開発

　実機の代わりに「モデル」を積極的に開発プロセスに取り込んで，効率的な開発を可能とする，「モデルベース開発」がより身近なものとなってきています。

　本章では PSIM の応用事例も含めたパワーエレクトロニクス分野におけるモデルベース開発について解説します。

B.1　パワーエレクトロニクス分野でのモデルベース開発

　PSIM シミュレーションは，ライブラリの素子を組み合わせることで，回路や制御ブロックの「モデル」を構成し，時間遷移にあわせて状態を逐次計算していきます。シミュレーション単体においては，実際の回路の挙動を推測することで，回路設計や制御設計の参考とするものですが，より積極的に開発プロセスに「モデル」を活用する取組みは，モデルベース開発（model based development），またはモデルベース設計（model based design）として定義されています。例えば，PSIM の制御モデルから（PSIM SimCoder モジュールにて）C コードを自動生成して，そのまま DSP コントローラで実行したり，PSIM のパワー回路モデルをリアルタイムに動作させて，実機のコントローラによって電流フィードバック制御を実行するといったことが可能となっています。

　歴史的にモデルベース開発が製品開発で最も活用されている分野は，自動車 ECU（electric control unit：電制御装置）で，自動車メーカ等ではリアルタイムシミュレーションを実行する大規模なシステムが構築されています。また電

力事業者（送配電事業者）の間では電力ネットワークのリアルタイムシミュレーション環境を構築して，系統の安定性や安全性の評価を行っています。これらのアプリケーションは，大規模なシミュレーション（ときには複数のシミュレーションを連携して同時実行）をリアルタイムに実行するため，高価で大規模なコンピュータや専用ハードウェア，および専任エンジニアを必要とするため，インバータ制御開発といった特定の開発案件単体では困難なものでした。

近年，パワーエレクトロニクス分野でも，デバイスの進化と制御手法の高度化により開発の効率化のニーズに応えるため，先端ディジタル技術を活用した「パワーエレクトロニクスに特化した」手軽なモデルベース開発が導入されています。

パワーエレクトロニクス分野におけるモデルベース開発のメリットを以下に示します。

① 制御モデル（制御アルゴリズム）を実機ハードウェアで即座に評価できる
② 実機の制御ハード・ソフトウェアで，モデルのパワー回路を駆動させて
　→ 実機のパワー回路が入手できなくても制御検証が可能
　→ 実機のパワー回路の異常状態（系統の異常など）を安全に模擬

① は，RCP：ラピッドコントロールプロトタイピング（rapid control prototyping）と呼ばれます。PSIM ではオプションの SimCoder モジュールを使用することより，制御ブロックから Myway プラス社のディジタルコントローラ PE-Expert4（図 B.1）にて実行可能な C ソースコードが自動生成されます。PE-Expert4 と PE-Inverter（実験用インバータラインアップ）から構成される実ハードウェアシステム上で，PSIM シミュレーションにて検証された制御アルゴリズムを即座に実機検証することが可能です。

② は，HILS：ハードウェアインループシミュレーション（hardware in loop simulation または単に HIL）と呼ばれます。PSIM の場合には，PSIM で作成した制御対象となるパワー回路モデル（プラントモデルと呼びます）を専用ハー

B.1 パワーエレクトロニクス分野でのモデルベース開発

図 B.1　Myway プラス社ディジタル
コントローラ（PE-Expert4）

ドウェアによってリアルタイムに駆動させ，実機の制御ハードウェアおよびソフトウェアと接続して動作させます。プラントモデルをリアルタイムかつバーチャルに構成できるため，破損や事故のリスクがなく，構成の変更も自由で，安価に多様な試験環境の構築（メガワットクラスも机上で）が可能となります。

　パワーエレクトロニクス専用 HIL として TyphoonHIL 社より提供されている HIL（HIL402，**図 B.2**）は，TyphoonHIL ハードウェアと付属の専用ソフトウェア，そして PSIM のみで構成されるため，安価でシンプルな HILS システムの構築が可能となっています。

図 B.2　TyphoonHIL 社パワーエレクトロ
ニクス専用 HIL（HIL402）

　システムの品質保証を主目的とした開発プロセスとして，「V 字型モデル」が提案されています。モデルベース開発においても，この V 字型モデルによって開発プロセスを説明することができます。パワーエレクトロニクス機器の制御システム開発におけるモデルベース開発 V 字型モデルを**図 B.3**に示します。

　まず，左上の制御設計のステージにおいて，PSIM 等で制御対象回路と制御回路（図中のコントローラモデル）を記述し，シミュレーションで動作確認をしながら上位設計（アルゴリズム設計，仕様設計）を行います。PSIM のみで

168 付録B　モデルベース開発

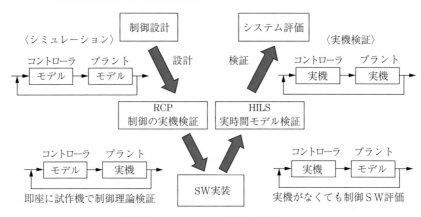

図B.3　モデルベース開発V字型モデル

システム全体をモデル記述する場合もありますが，PSIMのプラントモデルとSimulinkの制御モデル，さらにJMAGのモータモデル，という具合に複数のシミュレーションツールを組み合わせて使用する場合もあります（連携シミュレーション，**図B.4**）。シミュレーションモデルで完結するため，このステー

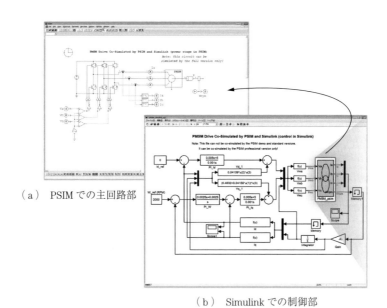

（a）　PSIMでの主回路部

（b）　Simulinkでの制御部

図B.4　連携シミュレーションの例（PSIMとSimulink）

ジを MILS（model in loop simulation）と呼ぶ場合もあります。以降の項にて，図 B.3 中の RCP および HILS について詳細を説明します。

B.2　ラピッドコントロールプロトタイピング（RCP）

　シミュレーションでモデルの検証が完了したとしても，実際のシステムで期待する動作をするとは限りません。シミュレーション上のモデルと実機はそもそも動作が異なりますが，その差分が無視できないレベルまで大きい場合には，その制御設計は無意味なものとなる場合があります。

　また，大規模なシミュレーション（複数のシミュレーションを組み合わせるケース）やテストパターンが莫大なシステム等では，シミュレーション時間が大変長くなり，シミュレーションのみでは十分な動作確認ができない場合があります。そのような場合には，時間を要する実装設計を行う前に，即座に実機環境で動作確認を行うケースがあります。それが V 字プロセスの左側中段に位置する RCP（ラピッドコントロールプロトタイピング：即座の制御試作）です。

　ポイントは「即座」ということですので，通常はシミュレーションツール上の制御モデルから自動的に実行可能な C ソースコードを生成する仕組み，およびその実行環境のことを示します。PSIM の場合は，SimCoder オプションにより PSIM コントロールブロックから C コード生成を行い，Myway プラス社製 PE-Exerpt4 の DSP でその C コードを実行する環境が用意されています（**図 B.5**）。

　また，実機（インバータなどのパワー回路，パワーステージとも呼びます）についても，Myway プラス社製 PE-Inverter4 シリーズの場合 1 kVA から数 100 kVA といった各種容量において実験・試作用のインバータが用意されており，きわめて短期間（数時間）でシステムの立上げが可能となっています。RCP で制御アルゴリズムの妥当性が確認され，詳細仕様（要件定義）が確定し，いよいよ最終製品に実装されるソフトウェアの実装のステージへと進むこ

付録B　モデルベース開発

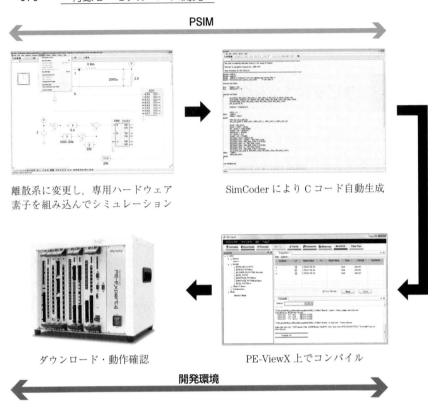

図B.5 PSIM からの RCP (ラピッドコントロールプロトタイピング)

ととなります。

ここで，PSIM と PE-Expert4 による実際の RCP プロセスの一例を紹介します。PSIM で通常のシミュレーションで動作確認を行った後，制御ブロックを離散系に変更するとともに，ハードウェア依存の機能を専用ハードウェア素子に置き換えます (**図B.6**)，そして，SimCoder のコード生成機能により C コード生成 (PE-Epxert4 のプロジェクトファイル一式を生成) を行います (**図B.7**)。

B.2 ラピッドコントロールプロトタイピング (RCP)

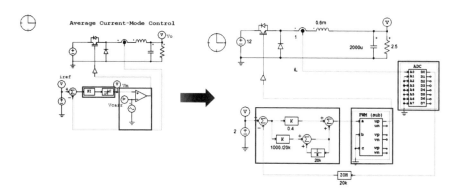

図 B.6 専用ハードウェア素子による記述

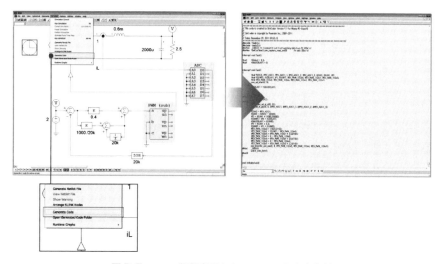

図 B.7 PSIM 制御素子からの C コード生成実行

 以上が PSIM 上の作業となります。その後は PE-Expert4 の PC 上のユーザインタフェースツール PE-ViewX による操作となり，PSIM から生成されたプロジェクトを指定して，コンパイル，ダウンロード，そして実行するというフローとなります（**図 B.8**）。

172　付録B　モデルベース開発

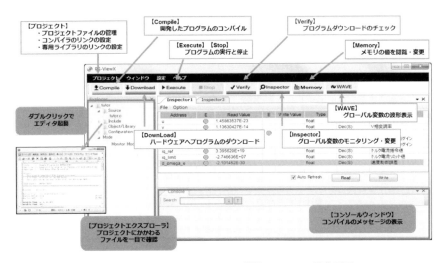

図B.8　PE-Expert4のデバッグ機能PE-ViewX操作画面

V字モデルの一番下，ソフトウェア実装のステージでは，最終製品で使用されるプロセッサ（特に種別を強調する場合には「ターゲット」と呼ばれ，特定のDSPやマイコンが相当します）に適合するCコードの作成を行います．自動車業界等，高度に品質を求められるモデルベース開発においては，RCPによって自動生成されたCコードをそのまま手を加えずに，ターゲット用のプログラムとして使用します．人の手を介さないことによりヒューマンエラーを根絶して品質を担保するためです．しかしながら，パワーエレクトロニクス分野は多品種少量生産型が多いため，巨額投資による固定的な開発プロセスよりも，人の手による柔軟的なプログラミングの方が適しているのが現状のようです．

SW実装（人の手によるプログラミング）においても，適切なツール・ライブラリ群を活用することで時間的にも品質的にも優位に開発を進めることが可能です．PE-Exert4の場合はPEOS（パワーエレクトロニクス専用OS）が用意されており（図B.9），パワーエレクトロニクスの制御設計に必要なすべての関数（ゲートコントロール，ADキャプチャ，PWM，各種空間変換，PI制

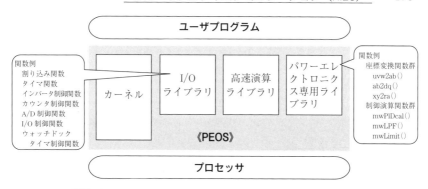

図 B.9 パワーエレクトロニクス専用ライブラリセット PEOS

御,通信ほか)が,各種インバータ制御,モータ制御のアプリケーション例のプログラムとともに用意されています。

B.3　リアルタイムシミュレーション (HILS)

　パワーエレクトロニクス開発 V 字モデルの右側中段,すなわち検証フェーズの中核をなす HILS について説明します。通常「ヒルズ」または単に「ヒル」と呼ばれていますが,PSIM から見ると検証用のリアルタイムシミュレーション環境ということができますので,ここでは「リアルタイムシミュレーション」としています。

　開発プロセスへのインパクトという点から,HILS はモデルベース開発において最も特徴的・重要な要素であるといえます。B.1 節で説明したとおり,実機に代わってリアルタイムに動作するプラントモデルによって制御システムを検証し,開発効率化と設計品質向上が期待されます。HILS の名の示すところは,フィードバック制御システムにおける制御対象(プラントモデル)をハードウェアで実装することでリアルタイム実行する,すなわち「ハードウェアが閉ループに入ったシミュレーション」ということになります。

　歴史的に見ると,HILS はシミュレーションを高速実行する強大なコンピュータ(サーバ)という構成が主流で,とても高価で使いこなすのも大変なもので

した。また，従来のものは，対象モデルが機械（自動車）や電力系統（商用周波数）であったために，インバータのスイッチング周波数のレベルまでモデリングするとなると，サンプリング周波数およびシミュレーションタイムステップが粗すぎるという状況でした（図B.10）。

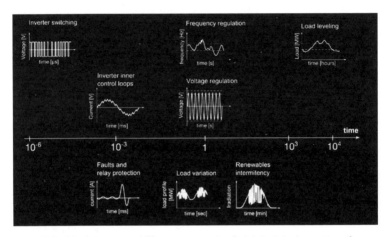

図B.10 インバータ制御のモデリングに求められるタイムステップ

現在，TyphoonHIL社からパワーエレクトロニクスに用途をしぼって，パワーエレクトロニクスのエンジニアが手軽に扱えるHILSを提供しています。また，先端のFPGAデバイスを活用して20 nsPWMサンプリング，および500 nsシミュレーションタイムステップを実現し，数100 kHzキャリア周波数のインバータ動作をも十分にモデリング可能な仕様となっています。現在，欧米を中心に教育・実験からメガワット級PCS開発まで，さまざまな制御システムの研究開発の現場で活用されています。ここではPSIMによるモデルベース開発におけるHILSのプラットフォームTyphoonHILについて説明します。

つぎにインバータによる同期PMモータドライブの実験ベンチを例に挙げて，HILの適用事例を解説します。図B.11にシステムの構成を示します。パワー回路部には，三相インバータ，同期PMモータと連結された負荷モータ，インバータにはコントローラからのゲート信号受信およびインバータの電圧・

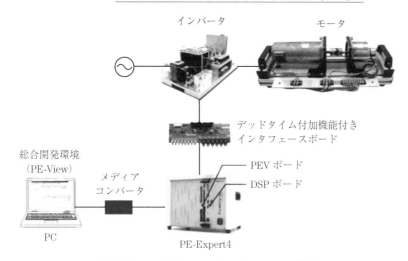

図 B.11　PM 同期モータドライブシステム構成

電流センサ情報の出力を行うインタフェースボードが接続されます。インタフェースボードはディジタルコントローラ（PE-Expert4）が接続され，最上位には操作・計測・デバッグ環境を搭載したパソコンが接続されます。

　図 B.11 のシステムは実験用のシステムですが，実際はさまざまな構成（インバータ種別・容量，モータ種別・容量，負荷構成）において，各種制御アルゴリズム（ベクトル制御，空間ベクトル制御，センサレス制御，ダイレクトトルク制御ほか）の設計と評価を行う必要があり得ます。そこで，上記と同等のシステムを HIL で構成するとつぎのようになります（**図 B.12**）。

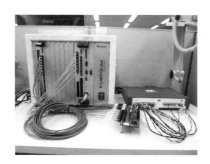

図 B.12　PM 同期モータドライブシステムを HIL にて実装

図 B.12 のとおり，パワー回路部分が HIL（TyphoonHIL HIL402）に置き換えられました．ここで重要なのは，パワー回路部分以外は全く同じ構成であるという点です．HIL で設計・検証した制御システムが，「そのまま」実機のパワー回路と置き換えても動作する点がポイントです．ソフトウェアに関していえば「バイナリコンパチ」となります．パワー回路が HIL，いわばバーチャルなプラントモデルと置き換わったことで，さまざまなモデルの共通制御設計，現実には発生困難な危険な異常状態の動作検証，そして，制御と連携した大量のテストパターン実行などが可能となります．**図 B.13** に HIL 内に作成されたプラントモデルと，実ハードウェアであるコントローラとの接続構成を示します．同様に**図 B.14** には，HIL により系統連携をモデリングした例を示します．

HIL のプラントモデル（パワー回路）は，TyphoonHIL に付属する専用回路図エディタで作成することが可能です．PSIM から HILS システムへの移行について**図 B.15** にまとめます．

PSIM の制御部は RCP コントローラ PE-Expert4 に（左側），プラントモデルは TyphoonHIL（右側）に展開されています．

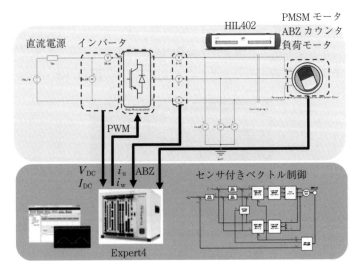

図 B.13 HIL による PM 同期モータドライブシステム構成図

B.3 リアルタイムシミュレーション (HILS)

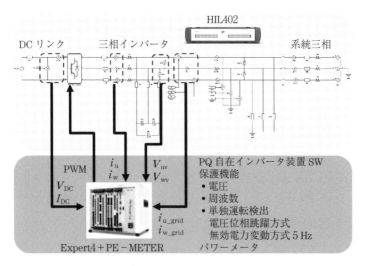

図 B.14 系統連携システムの HIL による実装

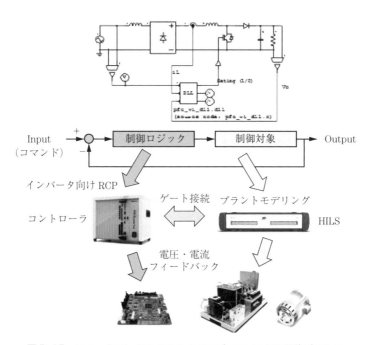

図 B.15 フィードバックシステムの RCP と HIL による開発プロセス

B.4 モデルベース開発の発展（仕様書としての PSIM）

これまで，パワーエレクトロニクス機器開発におけるモデルベース開発の実際について解説してきました。その主たるメリットは開発者にとっての効率化といえますが，さらに，管理者や会社の開発基盤の効率化にもその影響がおよびつつあります。つまり，将来的には PSIM が「実行可能な仕様書」として，「設計仕様書」，「試験仕様書」，そして「検査仕様書」としても活用されるでしょう。自然言語（日本語）で記述された仕様書では解釈する人によって，実装や試験方法などが異なる場合があります。また，同じ人であったとしても状況しだいでは異なった実装が行われる場合があります。一方，仕様書を PSIM で記述すれば，シミュレーションで実際に動作確認・波形観測を行い，SimCoder による RCP で C コードに変換してコントローラを実際に動作させ，さらにパワー回路部（プラントモデル）を HIL に変換してコントローラと対向して実動作をさせるところまでが，一意的に定義されます。製品の設計情報を PSIM で一元管理することが可能となります。

パワーエレクトロニクス分野での HILS については，精度の向上（時間分解能拡張）とシステムアップ（空間的拡張）の二つの方向で拡張が進むと考えられます。ディジタル技術の進歩により，さらに高速のサンプリングと演算が実現され，より高い周波数（高次高調波成分）までモデリングが可能となり，高速デバイスの安定動作を制御で実現するためのツールとなりえます。また，システムアップについては，より広範囲でのモデリングが可能となるでしょう。例えばモータドライブならば，負荷，モータ，インバータ，コンバータ，BMS，バッテリまでを含めたモデルでの検証が求められます。TyphoonHIL の場合には，HIL604 を連結することでより大きなシステム（HEV，ハイブリッド船舶，マイクログリッド）をモデル化することが可能となります（図 B.16）。

以上の HILS はコントローラ部分の検証を目的とするために C-HIL(controller HIL）とも呼び，一方コントローラ部分に加えてパワー回路も検証の対象とす

B.4 モデルベース開発の発展（仕様書としての PSIM）

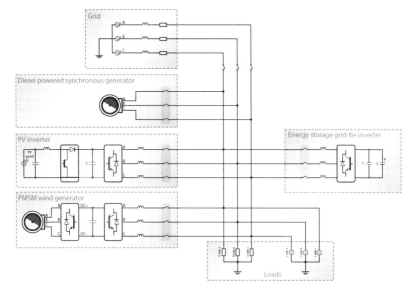

図 B.16　マイクログリッドを HIL で構成

る HIL を P-HIL（power HIL）と呼びます．この場合，HIL のプラントモデルの内部変数（電圧，電流）を取り出して指令値とし，実電源（リニアアンプ，高応答インバータ）で実際にその電圧または電流を発生させて，評価対象の実パワー回路と接続します．例えば，モータモデルをリアルタイムに駆動して実際の電流を入出力させてモータを模擬する，モータエミュレータがインバータ評価などですでに活用されています．また，マイクログリッドを実負荷として模擬して電力変換機の実機を評価する，といったことも行われています．

　もちろん，C-HIL も P-HIL もあくまでもモデルであり，実機ではないため，最終的には実機での検証は避けることはできません．また，苦労せずに実機環境が構築できてしまうことをよしとしない文化もあるかもしれません．しかしながら，先端 IT 技術がもたらす，PSIM，HILS をはじめとするモデルベース開発技術の発展により，パワーエレクトロニクス技術が多くの技術者にとってより身近なものとなり，ひいては未来の地球環境に大きく寄与することが期待されます．

本書内で紹介している
ダウンロード可能な PSIM 回路一覧

　図のタイトルの最後に **DL** マークがある PSIM 回路は巻末の関連 Web ページ 5) よりダウンロードしてお使いいただけます。

　ダウンロード可能な PSIM ファイルを**表**に示します。また，ダウンロードしたファイルの実行環境（PSIM デモ版または PSIM トライアル版）を示します。

表　Web ページからダウンロード可能な回路ファイル一覧

章		タイトル	本文内図番	PSIM ファイル名	デモ版	トライアル版
3	3.2	自分で回路を組んでみよう！	図 3.6	3-2_ サンプル回路	○	○
	3.3	SimView の操作画面	図 3.23	3-3_ マージ機能用 _Duty05	○	○
			図 3.27	3-3_ マージ機能用 _Duty03	○	○
				3-3_ マージ機能用 _Duty08	○	○
	3.4	サンプル回路の活用事例	図 3.29	3-4_Boost	○	○
			図 3.30	3-4_Boost_Duty03	○	○
				3-4_Boost_Duty05	○	○
4	4.1	過渡解析	図 4.1	4-1_LC_Filter	○	○
			図 4.4	4-1_LC_wProbe	○	○
			図 4.9	練習問題 4.1 解答	○	○
			図 4.10	練習問題 4.2 解答	○	○
	4.2	周波数解析	図 4.18	4-2_AC_Sweep_R50	○	○
	4.3	パラメータスイープを用いた解析	図 4.23	4-3_ParaSweep	○	○
			図 4.26	練習問題 4.4 解答	○	○
	4.4	FFT 解析	図 4.29	4-4_LC_Filter_Probe	○	○
			図 4.31	練習問題 4.5 解答	○	○
	4.5	オシロスコープを用いた解析	図 4.34	4-5_ オシロスコープ	○	○
			図 4.40	練習問題 4.6 解答	○	○

本書内で紹介しているダウンロード可能な PSIM 回路一覧

表 （つづき）

章		タイトル	本文内図番	PSIM ファイル名	デモ版	トライアル版
5	5.1	交流と抵抗，インダクタ，コンデンサの関係	図5.4	5-1_AC 抵抗負荷	○	○
			図5.6	5-1_AC インダクタ負荷	○	○
			図5.8	5-1_AC 容量負荷	○	○
	5.2	ローパスフィルタと伝達関数	図5.11	5-2_1 次 LPF_ 方形波電圧源	○	○
			図5.15	5-2_1 次 LPF_ ステップ電圧源	○	○
			図5.19	5-2_1 次 LPF_Hs	○	○
	5.3	インバータの動作	図5.25	5-3_ 抵抗負荷インバータ	○	○
			図5.28	5-3_ 容量性負荷インバータ	○	○
			図5.31	5-3_ 誘導性負荷インバータ	○	○
			図5.34	5-3_ 一相電圧形インバータ	○	○
	5.4	モータドライブ	図5.38	5-4_vsi-im	○	○
	5.5	太陽電池からバッテリへの充電	図5.42	5-5_ 太陽電池単体測定回路	○	○
			図5.46	5-5_ 太陽電池とバッテリ直接接続回路	○	○
			図5.48	5-5_MPPT 法による回路	○	○
6	6.1	途中結果保存機能	図6.3	6-1_ 事例回路	○	○
	6.2	スクリプト機能[注]	図6.11	6-2_sim_timestep	×	○
	6.5	制御を C 言語で書く	図6.37	6-5_test C Block rms	×	○

注） スクリプト機能はデモ版で使用できる機能も一部あります。

関連 Web ページ

（URL は 2022 年 2 月現在）

　PSIM 関連情報については 1)–4) を，PSIM ファイルのダウンロード，本書に掲載されている図のカラー版は 5), 6) を参照ください。

No.	内　容	URL	2次元バーコード
1)	Professional 機能の詳細	https://www.myway.co.jp/products/detail.php?id=266	
2)	各オプションモジュールの機能	https://www.myway.co.jp/products/constitution.php?id=266#anc	
3)	デモ版 PSIM のダウンロード	https://pwel.jp/articles/295	
4)	PSIM のマニュアルダウンロード	https://www.myway.co.jp/products/free_tab.php?id=266&tab=2#anc	
5)	PSIM ファイルのダウンロード	https://pwel.jp/tech_infos/4	
6)	本書掲載図のカラー版	https://pwel.jp/tech_infos/5	

ゼロからわかる回路シミュレータ PSIM 入門
Perfect Introduction to Circuit Simulator PSIM
Ⓒ 一般社団法人 日本パワーエレクトロニクス協会　2019

2019 年 6 月 13 日　初版第 1 刷発行	
2022 年 3 月 20 日　初版第 2 刷発行	★

検印省略

編　　者　一般社団法人
　　　　　日本パワーエレクトロニクス協会
　　　　　ホームページhttps://www.pwel.jp
発行者　　株式会社　コ ロ ナ 社
　　　　　代表者　　牛来真也
印刷所　　萩原印刷株式会社
製本所　　有限会社　愛千製本所

112-0011　東京都文京区千石 4-46-10
発行所　株式会社　コ ロ ナ 社
CORONA PUBLISHING CO., LTD.
Tokyo Japan
振替 00140-8-14844・電話(03)3941-3131(代)
ホームページ　https://www.coronasha.co.jp

ISBN 978-4-339-00921-7　C3054　Printed in Japan　　　　　　　　（松岡）

　　　　　　　ＪCOPY　<出版者著作権管理機構　委託出版物>
本書の無断複製は著作権法上での例外を除き禁じられています。複製される場合は、そのつど事前に、
出版者著作権管理機構（電話 03-5244-5088，FAX 03-5244-5089，e-mail: info@jcopy.or.jp）の許諾を
得てください。

本書のコピー，スキャン，デジタル化等の無断複製・転載は著作権法上での例外を除き禁じられています。
購入者以外の第三者による本書の電子データ化及び電子書籍化は，いかなる場合も認めていません。
落丁・乱丁はお取替えいたします。

電気・電子系教科書シリーズ

（各巻A5判）

- ■編集委員長　高橋　寛
- ■幹　事　湯田幸八
- ■編集委員　江間　敏・竹下鉄夫・多田泰芳
  　　　　　　中澤達夫・西山明彦

配本順		書名	著者	頁	本体
1.	(16回)	電気基礎	柴田尚志・皆藤新芳 共著	252	3000円
2.	(14回)	電磁気学	多田泰芳・柴田尚志 共著	304	3600円
3.	(21回)	電気回路Ⅰ	柴田尚志 著	248	3000円
4.	(3回)	電気回路Ⅱ	遠藤　勲 編著　鈴木靖典 共著	208	2600円
5.	(29回)	電気・電子計測工学(改訂版) ―新SI対応―	吉澤昌純・降矢典雄・福吉拓己・高村和明・西﨑二郎・山西雄一郎 共著	222	2800円
6.	(8回)	制御工学	下西平鎮 共著 奥木立幸 青堀	216	2600円
7.	(18回)	ディジタル制御	西堀俊幸 共著	202	2500円
8.	(25回)	ロボット工学	白水俊次 共著	240	3000円
9.	(1回)	電子工学基礎	中澤達夫・藤原勝幸 共著	174	2200円
10.	(6回)	半導体工学	渡辺英夫 著	160	2000円
11.	(15回)	電気・電子材料	中澤・押田・森山・藤原・服部 共著	208	2500円
12.	(13回)	電子回路	須田健二 共著 土田英一	238	2800円
13.	(2回)	ディジタル回路	若海弘夫・伊藤海昌・吉澤博純 共著	240	2800円
14.	(11回)	情報リテラシー入門	室賀進也・山下　巖 共著	176	2200円
15.	(19回)	C++プログラミング入門	湯田幸八 著	256	2800円
16.	(22回)	マイクロコンピュータ制御 プログラミング入門	柚賀正光・千代谷慶 共著	244	3000円
17.	(17回)	計算機システム(改訂版)	春日健・舘泉雄治 共著	240	2800円
18.	(10回)	アルゴリズムとデータ構造	湯田幸八・伊原充博 共著	252	3000円
19.	(7回)	電気機器工学	前田勉・新谷邦弘 共著	222	2700円
20.	(31回)	パワーエレクトロニクス(改訂版)	江間敏・高橋勲・甲斐敏祐 共著	232	2600円
21.	(28回)	電力工学(改訂版)	江間敏・甲斐隆章 共著	296	3000円
22.	(30回)	情報理論(改訂版)	三木成彦・吉川英機 共著	214	2600円
23.	(26回)	通信工学	竹下鉄夫・藤岡　寛 共著	198	2500円
24.	(24回)	電波工学	松田豊稔・宮田克正・南部幸久 共著	238	2800円
25.	(23回)	情報通信システム(改訂版)	岡田裕・桑原唯史 共著	206	2500円
26.	(20回)	高電圧工学	植月唯夫・松原孝史 共著	216	2800円

定価は本体価格+税です。
定価は変更されることがありますのでご了承下さい。

図書目録進呈◆